Die mineralischen Rohstoffe Bayerns und ihre Wirtschaft

Herausgegeben vom

Bayerischen Oberbergamt

I. Band

Die jüngeren Braunkohlen

München und Berlin 1922
Druck und Verlag von R. Oldenbourg

Inhaltsverzeichnis.

Einleitung.

Es hat sich gezeigt, daß die Kenntnis unserer heimischen Lagerstätten und die Verwendung der aus denselben gewonnenen Erzeugnisse weiteren Kreisen noch nicht zugänglich geworden ist, daß aber anderseits ein ebenso großes Interesse der Öffentlichkeit besteht, hierüber eine objektive Darstellung zu erhalten. Mit vorliegendem Bändchen eröffnen wir eine Reihe von Einzeldarstellungen der technisch wichtigen im Bergbau gewonnenen bayerischen Mineralien. Die Herausgabe wird sich auf mehrere Jahre erstrecken. Es werden immer diejenigen Mineralien behandelt werden, die besonders im Vordergrund des allgemeinen wirtschaftlichen Interesses stehen.

Im Brennpunkt des volkswirtschaftlichen Interesses steht augenblicklich die Kohlenfrage und vor allem die Frage der Gewinnung und Verwertung der **Braunkohle.** Die Notwendigkeit, während der Kriegszeit und der Zeit nach Kriegsende die Braunkohle mehr in den Bereich der Verwendung zu ziehen, lenkte naturgemäß auch die allgemeine Aufmerksamkeit auf die bayerischen Braunkohlen. Eine übersichtliche Darstellung über dieselben wurde zuletzt im Jahre 1911 von dem damaligen Vorstand der geognostischen Abteilung des Oberbergamtes, Oberbergrat Professor Dr. v. Ammon gegeben. Diese hervorragende Arbeit ist naturgemäß infolge Fortschreitens des Bergbaues auf unsere Braunkohlen, dann dadurch, daß sich manche Anschauungen über die Braunkohlenfrage wesentlich gewandelt haben, heute überholt. Außerdem war die Arbeit, die den Titel „Bayerische Braunkohlen und ihre Verwertung. Bericht erstattet an das Kgl. Staatsministerium des Kgl. Hauses und des Äußern. München 1911, Kgl. Hof- und Universitätsbuchdruckerei C. Wolf & Sohn" führt, nur in einem außerordentlich geringen Umfange gedruckt worden, so daß sie nur einer beschränkten Anzahl von Interessenten zugänglich und sehr bald vergriffen war.

Die neue Arbeit ist auf etwas anderer Grundlage als die Ammonsche aufgebaut. Zunächst kommt die Geologie der Braunkohlenlagerstätten in geschlossenen Darstellungen zur Schilderung, die von einzelnen, mit dem Studium derselben besonders befaßten Angehörigen der Geologischen Landesuntersuchung verfaßt sind. An diese schließt sich die technisch-wirtschaftliche Würdigung der Braunkohle und eine Beschreibung und Würdigung der gegenwärtig vorhandenen Braunkohlenbetriebe an. Auf die Geschichte des bayerischen Braunkohlenbergbaues ist nur, soweit es die Geschichte der einzelnen Werke selbst betrifft, Rücksicht genommen, dagegen sind Ausführungen über ältere Unternehmungen, die ohnedies nur einen beschränkten Umfang hatten, unterblieben, da sie für den heutigen Stand der Beurteilung unserer Braunkohle ohne Bedeutung sind.

Es darf der Hoffnung Ausdruck gegeben werden, daß mit der Übergabe der Kenntnisse der heimischen Braunkohlenvorkommen an die Öffentlichkeit das allgemeine Interesse an diesen zum Besten der bayerischen Volkswirtschaft geweckt werden wird, und daß das erwachte Interesse dazu führen wird, die heimischen Betriebe in ihrem schweren Kampf, den sie infolge des Eintritts der ungünstigeren Konjunktur zu führen haben, zu unterstützen. Die für einen wirtschaftlich gesunden Betrieb erforderlichen lagerstättlichen und technischen Voraussetzungen sind gegeben. An den Kreisen der Verbraucher wird es liegen, die Werke durch Abnahme ihrer Produkte auch lebensfähig zu erhalten.

München, im Juli 1921.

Oberbergamt.

I.

Geologische Darstellung der bayerischen Braunkohlenvorkommen.

Bearbeitet von Angehörigen der geologischen Landesuntersuchung des Oberbergamts.

A. Braunkohlenvorkommen in Oberfranken und in der nördlichen Oberpfalz.

Vom Regierungsgeologen Dr. Heinrich Arndt.

Die in Oberfranken und in der Oberpfalz auftretenden Braunkohlenvorkommen gehören sämtlich dem oberen Tertiär, und zwar dem Obermiocän an. Im Fichtelgebirge greift die Tertiärformation buchtartig von Böhmen nach Westen herüber, gabelt sich bei Eger in zwei Äste, deren einer über Eger-Schirnding-Marktredwitz bis gegen Neusorg hinzieht und braunkohleführend ist, während der südliche von Eger aus, dem Lauf der Wondreb folgend, das Naab-Wondreb-Becken erfüllt und im allgemeinen braunkohlefrei ist.

Auf bayerischer Seite sind die geologischen Verhältnisse der Braunkohlenablagerungen die gleichen wie in der Umgebung von Eger, und durch die in jüngster Zeit gemachten Aufschlüsse kann an einem Zusammenhang zwischen den bayerischen und böhmischen Vorkommen bei Eger kein Zweifel mehr bestehen.

Das westlichste Auftreten von Braunkohlen im Egerer Tertiär liegt bei Mühlbach, dicht an der bayerischen Grenze, an der Bahnlinie Eger-Marktredwitz, das während der letzten Jahre wiederum ausgebeutet, vor kurzer Zeit aber wieder aufgelassen wurde. In geringer Entfernung davon liegt auf bayerischer Seite der im Abbau befindliche Tage- und Tiefbau der Gewerkschaft „Hindenburg" bei Schirnding und die „Caroluszeche" bei Hohenberg. Das Tertiär verschwindet hierauf unter diluvialer Bedeckung und taucht erst bei Seussen wieder auf, wo im Felde der „Eduardzeche" bei Klausen in früherer Zeit Braunkohle gewonnen wurde. Weiter gegen Westen hin treten Braunkohle führende Tertiärschichten wieder zutage bei Waldershof, Poppenreuth, Pilgramsreuth und Schindellohe.

Die Braunkohlenablagerungen im nordwestlichen Böhmen sind Süßwasserbildungen und lassen sich in zwei Hauptabteilungen, in eine ältere und in eine jüngere gliedern. Beide Ablagerungen sind zeitlich getrennt durch das Empordringen zahlreicher Basaltmassen, die die ältere Braunkohlenformation durchbrachen, in ihrer Lagerung störten und sie teilweise auch mit Tuffen eindeckten. Über diesen kamen erst die jüngeren Braunkohlen zur Ausbildung.

In der Egerer Braunkohlenablagerung jedoch können nur die jüngeren Braunkohlen erkannt werden; diese Vorkommen liegen sämt-

lich auf den basaltischen Ergüssen. Das gleiche gilt auch für die Braunkohlenablagerungen auf bayerischem Gebiete.

Nach den neuesten Untersuchungen in der Gegend zwischen Schirnding und Marktredwitz hat sich ergeben, daß die quartären Bildungen,
die auf der Gümbelschen Karte des Fichtelgebirges und Frankenwaldes,
Blatt Münchberg, in großem Maße ausgeschieden sind, an vielen Stellen
als tertiäre Ablagerungen aufzufassen sind, so daß also dem Tertiär
auf bayerischer Seite ein wesentlich größerer Anteil zukommt als aus der
geologischen Karte ersichtlich ist.

Immerhin handelt es sich bei diesen Tertiärvorkommen nur um
mehrere kleinere Becken, deren Zusammenhang durch die diluviale
Erosion gestört, und durch welche die tertiären Ablagerungen teilweise
selbst noch angegriffen worden sind. Im Allgemeinen entspricht die
Kohle sämtlicher Vorkommen in der Umgegend von Marktredwitz
an Qualität und Alter der Oberpfälzer Braunkohle aus der Umgebung
von Schwandorf.

Die hochwertigen Kohlen der älteren Braunkohlenformation treten
auf bayerischer Seite nirgends auf.

1. Zeche „Hindenburg" bei Schirnding.

Der im Frühjahr 1920 begonnene Tagebau befindet sich dicht an
der Landesgrenze, südlich der Straße Schirnding-Eger. Unter 1,5—2 m
mächtiger Überdeckung, bestehend aus Sanden und Tonen, wurde die
Braunkohle angefahren, deren durchschnittliche Mächtigkeit etwa 6 m
beträgt. Das Liegende der Kohle ist im Tagebau noch nicht erschlossen.
Tonlagen von wechselnder Stärke sind der Braunkohle zwischen-
geschaltet. In einem Schacht auf der Ostseite des Tagebaues wurde die
Kohle unter 4,5 m Überdeckung angetroffen und war bei einer Tiefe
von 7 m (in der Kohle) noch nicht durchörtert. Die Überlagerung
nimmt von Osten nach Westen zu und erreicht schließlich die Mächtigkeit von 12 m. Mit der Zunahme der Überdeckung ist eine Abnahme
der Kohlenmächtigkeit festzustellen.

Das Schirndinger Vorkommen stellt den südlichen Flügel der
Mühlbach-Schirnding-Hohenberger Kohlenmulde dar, die sich gegen
Süden und Westen zu den Phylliten des Mühlberges auflagert.

Wie bei den Oberpfälzer Vorkommen ist auch bei Schirnding das
Verhältnis der lignitischen Kohle zur erdigen Braunkohle etwa wie
1:2. Eine auch z. B. in Wackersdorf beobachtete Erscheinung konnte
hier festgestellt werden: beim Liegen an der Sonne schwitzt aus der
Kohle zähes, flüssiges Bitumen aus. Der Schwefelgehalt der Schirndinger Kohle beträgt etwa 2%. Er rührt von zahlreichen darin eingelagerten Gipskristallen her, die wiederum aus der Zersetzung von Schwefelkies entstanden sind.

Der gleichzeitig mit der Kohle geförderte Ton des Hangenden
derselben soll in seinen reinen Partien ein vorzügliches Material für
Ziegelfabrikation abgeben. Da der Abbau im Felde der Zeche Hinden-

burg noch nicht wesentlich in die Tiefe gegangen ist, erscheint hier die Ausführung eines Profils angezeigt, das Gümbel im „Fichtelgebirge", S. 601, über die benachbarte Grube bei Mühlbach erwähnt, wo gegen Ende des 18. Jahrhunderts folgende Schichten durchfahren wurden:

3,16 m   grauer, glimmeriger Sand und sandiger Letten; zäher, lichtbrauner Ton,

9,87 m   schwarzgrauer, glimmeriger Ton, unten mit einzelnen Quarzkörnchen,

0,84 m   eisenschüssiger Ton,

3,10 m   grüner, zäher, zum Teil glimmerreicher, unten lichtbrauner Ton,

3,24 m   dunkelbrauner, bituminöser Letten mit Pflanzenteilchen,

0,79 m   M o o r k o h l e ,

1,50 m   M o o r k o h l e mit lichtgrünem Ton gemengt,

2,76 m   e r d i g e B r a u n k o h l e mit festen Stücken,

0,32 m   b i t u m i n ö s e s H o l z .

Des weiteren erwähnt Gümbel, daß „in einem Versuche auf der S c h e i b e l w i e s e , unfern Schirnding (dem jetzigen Felde der Zeche „Hindenburg"), nur gering mächtige, mulmige Braunkohlen und kohlige Schiefer gefunden wurden".

Zu dieser Angabe Gümbels sei jedoch bemerkt, daß die damaligen Versuche höchst wahrscheinlich am Rande der Braunkohlenablagerung stattfanden und nur das gering mächtige Ausgehende des Kohlenvorkommens antrafen.

2. Carolus-Zeche bei Hohenberg.

Im Felde der „Carolus-Zeche" bei H o h e n b e r g sind augenblicklich keine Aufschlüsse vorhanden, auch die Spuren früherer Bergbaues fast gänzlich verwischt. Es kann also bei Beschreibung dieses Vorkommens nur auf die ältere Literatur zurückgegriffen werden.

So erwähnt Gümbel im „Fichtelgebirge", S. 601, daß auf dem (der Scheibelwiese unfern Schirnding) gegenüberliegenden Abhang gegen Hohenberg zu gelegentlich des Abbaues von Eisenerzen im Jahre 1717 bei tieferem Niedergehen ein Braunkohlenflöz aufgedeckt wurde und seit 1732 eine Zeche „Freundschaft" behufs Gewinnung der Kohle dort angelegt wurde.

Derselbe schreibt l. c., S. 609: „es ist schon wiederholt erwähnt worden, daß die Eisenerzablagerungen die fast steten Begleiter dieser tertiären Bildungen ausmachen, und daß man häufig vom Tage nieder zuerst auf Eisenerze baute und dann erst in größerer Tiefe auf Braunkohlen- und Tonlager stieß. So bei H o h e n b e r g ("Freundschaft"), am S t e i n b e r g ("fleißiger Bergmann", „fürstlicher Vertrag", „s c h w a r z e r L ö w e "usw.), bei B e r g n e r s r e u t h , bei W a l d e r s h o f usw."

Auch v. Ammon erwähnt in: „Bayerische Braunkohlen und ihre Verwertung" (München 1911), S. 69, das Hohenberger Vorkommen und bringt dort neben den oben erwähnten Gümbelschen Angaben noch folgendes:

„Am Hohenberg-Schirndinger Sträßchen befindet sich ein verlassener Schacht, der 27 m tief war; er soll unterhalb lettiger Schichten bei 3 m ein 1 m starkes Braunkohlenflöz, dann sandigen Letten und bei 23 m ein 3 m mächtiges Flöz durchstoßen haben. Die Kohle zeigt milde Beschaffenheit und Spuren von Schwefelkies (Alaunerz). Es wird ein südwestliches Einfallen unter 13⁰ angegeben. Beim benachbarten Mühlbach in Böhmen ging Ende des 18. Jahrhunderts ein Braunkohlenbergbau um; ein 29 m tiefer Schacht schloß unter 20 m Überdeckung ein etwa 5 m haltendes Lager von mooriger und erdiger Kohle auf."

Eine Reihe von Bohrungen wurden im Felde der „Carolus-Zeche" innerhalb der letzten Jahre ausgeführt. Eine von diesen durchfuhr noch bei fast 24 m geröllreichen Sand und wurde daraufhin eingestellt.

3. Steinberg-Kothigenbibersbach-Bergnersreuth.

Westlich von Hohenberg sind neuerdings Schürfe auf Braunkohle gemacht worden, so im Süden des Steinbergs und bei Kothigenbibersbach, doch sind nirgends dort befriedigende Resultate erzielt worden. Nach der Gümbelschen Karte 1 : 100000, Blatt Münchberg, befinden sich die genannten Orte am Rande der Tertiärbucht, und hierauf dürfte wohl der wenig günstige Ausgang der Schurfarbeiten zurückzuführen sein. Über das erwähnte Kohlenvorkommen bei Bergnersreuth ist nichts Näheres mehr bekannt.

4. Zeche „Eduard" — Klausen bei Seussen.

Das Vorkommen ist in einer Seitenbucht des von Eger südwestlich herüberziehenden Tertiärbeckens abgelagert und schon seit langer Zeit bekannt. Gümbel l. c., S. 601, berichtet, daß bei Seussen und in der Klausen 1762 die Zeche „treue Freundschaft" entstand, die das Rohmaterial, eine stark schwefelkieshaltige bituminöse Braunkohle und Blätterschiefer, für das dort betriebene Alaunwerk lieferte. Heute ist dort nichts Wesentliches mehr festzustellen. Vom früheren Bergbau ist in einem kleinen Wäldchen nur noch eine große, vollständig überwachsene Halde zu sehen, die aus Blätterschiefer und Blätterkohle mit zahlreichen Blattabdrücken besteht.

In neuerer Zeit wurden im Gebiete der „Eduardzeche" mehrere Bohrungen angesetzt, die ergebnislos blieben, da sie zweifellos nicht tief genug niedergebracht wurden.

Bohrung 1: bis 42,0 m gelber Sand und Ton
„   2: „ 30,9 „   „   „   „   „
„   3: „ 9,8 „   „   „   „   „
„   4: „ 23,0 „   „   „   „   „
„   5: „ 15,8 „   „   „   „   „

In der älteren Literatur finden wir über die „Eduard-Zeche" noch folgende Angaben:

Gümbel, „Fichtelgebirge", S. 601/602: „Durch die Baue, die zum Teil unterirdisch, zum Teil oberirdisch geführt wurden, waren von

oben herein zunächst 2 bis 3 m Schutt von Basaltblöcken entblößt
(oft bis gegen ½ m dick). Die offenbar von dem anstoßenden Basalt-
berge herabgerollten Blöcke liegen in einem fetten, lehmigen Basalttuff,
unter welchem dann weiter 4—5 m mächtige weiße und braune Letten-
lagen als das Dach des Braunkohlenflözes folgen. Das letztere ist bis
zu einer Mächtigkeit von 42 m durchbohrt worden. Es liegt auf
Geröll. Die dünnschieferige Braunkohle ist vorherrschend eigentlich
nur ein bituminöser, erdiger, brauner, zum Teil Glimmer führender
Blätterschiefer, der sich sehr dünn spaltet und eine überaus reiche
Flora, selbst auch einige wichtige Tierüberreste beherbergt."

An gleicher Stelle gibt Gümbel auch eine Analyse des Seussener
Blätterschiefers, der sich nach den Untersuchungen von Dr. A. Schwager
folgendermaßen zusammensetzt:

„A. 63,92% Kohlen und Bitumen, davon 1,38% in Äther und
        Alkohol löslich,
 B. 23,85% in Salzsäure löslichem Anteil, wovon 5,06% Kiesel-
        säure in Kalilauge vor der Behandlung in Salzsäure
        löslich sind,
 C. 12,23⁰/₀ in Salzsäure unlöslichem Anteil.
     100,00%.

Das in Äther und Alkohol lösliche Harz schmilzt bei ungefähr
100⁰ C und brennt mit stark rußender Flamme unter Ausstoßung eines
nach verbranntem Gummi riechenden Rauches.

Die in Salzsäure löslichen (B) und nicht löslichen (C) Rückstände
sind zusammengesetzt wie folgt:

	B	C
SiO_2	57,444	35,387
Al_2O_3	2,472	40,193
Fe_2O_3	16,791	14,110
CaO	0,388	0,771
MgO	0,541	3,452
KO	Spur	2,127
NaO	Spur	0,414
SO_3	0,202	—
H_2O	21,847	4,033
Summe:	99,688	100,487."

In v. Ammon „Bayerische Braunkohlen und ihre Verwertung"
finden wir noch folgende, die vorigen ergänzende Angaben:

„Die schieferige Kohle enthält viele organische Einschlüsse, die
ein miozänes Alter der Schichten beweisen, zugleich aber auch die Annahme einer tieferen Stufe als Obermiozän wahrscheinlich machen.
Unter den Pflanzenresten sind in manchen Lagen der Schichtenreihe
kleine Früchte nicht selten, die zu der nußbaumartigen Gattung Carya
gehören.

Bei der Analyse der Gesamtsubstanz (Bauschanalyse) ergab sich nachstehendes Resultat:

Reinkohle	62,563%
Bitumen	1,380 „
Kieselsäure	18,056 „
Tonerde	5,443 „
Eisenoxyd	5,853 „
Manganoxydul	Spur
Kalkerde	0,187 „
Bittererde	0,546 „
Kali	0,256 „
Natron	0,050 „
Schwefel	0,629 „
Schwefelsäure	0,146 „
Wasser	5,730 „
	100,839%.‘‘

5. Braunkohlenvorkommen von Preisdorf, Oberteich und Steinmühle.

Von Klausen aus zieht sich das Tertiär östlich in einer Seitenbucht hinein nach Grünmühle und Konnersreuth und bildet hierdurch eine Verbindung mit den tertiären Ablagerungen des Naab-Wondreb-Beckens in der Gegend von Waldsassen. Dort sind dieselben zwar sehr mächtig, doch wurde bisher abbauwürdige Kohle nirgends darin angetroffen.

Bei Preisdorf, südwestlich von Konnersreuth wurde bei der Gewinnung von Tonlagern Braunkohle gefunden. Gümbel l. c., S. 606, erwähnt dieses Vorkommen. Nähere Angaben über Mächtigkeit und Lagerungsverhältnisse fehlen.

Bei Oberteich, südwestlich von Mitterteich (auf Blatt Erbendorf der geol. Karte 1 : 100000 gelegen) ist das gleiche der Fall. Der Ton ähnelt sehr dem die Schirndinger Kohle überlagernden Ton und wird zur Ziegelfabrikation verwendet.

Ein seiner angeblichen Lagerungsverhältnisse wegen interessantes Vorkommen soll im Bruchfeld der 1. bayerischen Basaltwerke in Steinmühl zwischen Mitterteich und Waldsassen erbohrt worden sein. Die Kohle soll dort unter dem Basalt angetroffen worden sein. Die Möglichkeit hierfür ist wohl vorhanden, denn wir kennen, wie schon früher erwähnt, Kohle, die älter ist als der Basalt. Auf bayerischem Gebiete wäre dieses Vorkommen das erste dieser Art.

6. Braunkohlenvorkommen auf der Sattlerin bei Fuchsmühle (Rudolfzeche).

Das Vorkommen ist zwischen Punkt 737 und 708 der topographischen Karte 1 : 50000 auf der Wasserscheide zwischen Donau und Elbe gelegen in der Nähe der Ortschaften Schafbruck und Herzogöd am Teichelberg und schon seit langer Zeit bekannt. Es wurde in früherer

Zeit vor allem das hier in den tertiären Bildungen in größerer Menge auftretende Eisenerz abgebaut, und hierbei stieß man dann wohl bei weiterem Vordringen in die Tiefe auf die Braunkohlen. Daß einmal ein reger Bergbau hier umgegangen sein muß, geht aus zahlreichen Löchern und Halden hervor, die überall im Walde verstreut sind. Das Haldenmaterial ist allenthalben noch mit Brocken von Eisenerzen untermischt.

Im Jahre 1860 beschloß der Besitzer des Lehensgutes Fuchsmühl auf dem Gebiete der Grubenfelder „Rudolfzeche" und „Eisenberg" die Braunkohle auszubeuten, teufte einen Schacht ab und begann mit der Anlage eines 500 m langen Stollens. Durch seinen Tod geriet die Unternehmung ins Stocken. Im Jahre 1891 wurden dann erst weitere planmäßige Bohrungen zur Untersuchung des Braunkohlenvorkommens vorgenommen. Diese ergaben folgendes:

„Im Felde der „Rudolfzeche" streicht die tertiäre Kohlenablagerung muldenförmig von SO nach NW und tritt am südöstlichen Rand schon nach zwei Metern lehmigen Überdeckungsgebirges zutage. Im Muldentiefsten ist zwar eine Kohlenmächtigkeit von 11 m durch eine Tiefbohrung konstatiert, die durchschnittliche Mächtigkeit wird aber 6—7 m nicht übersteigen. Wie die meisten tertiären Kohlenablagerungen in und an der Basaltbildung, so muß auch die in Frage stehende als eine lokale, begrenzte Formation bezeichnet werden."

Während des Krieges wurden in einer Anzahl von kleinen Schächten der (nach Gümbel) mit der Kohle auftretende erdige Phosphorit ausgebeutet. Hierbei ist auffallend, daß auf den Halden dieser Schächte nirgends Braunkohle zu finden ist. Danach müßte also der Phosphorit über der Braunkohle und nicht, wie Gümbel es z. B. vom benachbarten Zottenwies erwähnt, in der Braunkohle liegen.

Flurl sagt in seiner „Beschreibung der Gebirge von Baiern und der oberen Pfalz" (München 1792) nichts von dem Braunkohlenvorkommen auf der Sattlerin, wohl aber kennt er den schon seit mehr als einem Jahrhundert dort umgehenden Eisensteinbergbau.

Gümbel gibt im „Fichtelgebirge" nur kurze Notizen darüber, während v. Ammon l. c., S. 26, ausführlicher berichtet:

„Gleichwie die Ablagerung von Zottenwies und Harlachhof („Philipps-Zeche"), befindet sich auch die der 7 km östlich davon entfernten „Rudolfs-Zeche" auf der Wasserscheide zwischen Donau und Elbe. Hier, auf der Sattlerin oder am Teichelrangen, liegt die Braunkohle direkt dem Basalt auf. Das Vorkommen läßt eine SO nach NW gerichtete Mulde erkennen. Die magere und leicht zerbröckelnde Braunkohle hat eine durchschnittliche Mächtigkeit von 6 m; die vorhandene Kohlenmasse wird im ganzen auf 5000 Wagenladungen geschätzt. Die Kohle soll 64% trockene Substanz und 36% Wasser haben, der Heizwert der lufttrockenen Substanz 3290 Kal. Geringer Schwefelgehalt. Der Verkaufspreis in Nürnberg wurde (1911) auf 50 Pf. für den Zentner berechnet. Nächste Bahnstation Groschlattengrün ($3\frac{1}{2}$ km)."

Nach neueren Angaben soll sich der Phosphorit im Basalttuff gefunden haben. Danach wäre als das Fehlen der Braunkohle dort erklärlich.

7. Braunkohlenvorkommen bei Harlachhof-Zottenwies-Waldershof („Philipps-Zeche" — Zeche „Nickel").

Von Marktredwitz aus erstrecken sich die tertiären Bildungen als Fortsetzungen der von Eger herüberziehenden Tertiärbucht nach SW zu über Waldershof-Pilgramsreuth bis Pullenreuth-Dechantsees. In diesem Gebiet wurden, wie schon Flurl l. c., S. 412—438, berichtet, an zahlreichen Stellen Eisenerze ausgebeutet, bei deren Abbau man z. B. bei Zottenwies Braunkohle antraf. Er beschreibt das Vorkommen wie folgt:

„Dort kommt 3½ Lachter (7 m) unter dem Griese (Tertiärsand) eine Lage von bituminösem Holze in ganzen Bäumen noch mit Ästen und Rinden wohl gegen 4 Fuß mächtig vor und unter demselben eine schmale Schicht von Alaunerde, worunter kleinkörniger Schwefelkies liegt."

Von dem alten Bergbau zwischen Pullenreuth und Pilgramsreuth ist heute nur noch sehr wenig zu sehen und unsere Kenntnis hiervon stützt sich lediglich auf die in den Akten befindlichen Berichte über die alten Schürfungen und Bohrbefunde sowie auf einige ältere Literaturangaben.

Das Gebiet, in dem sich hier Kohlen fanden, ist begrenzt durch die Linien Pilgramsreuth-Einöde Zottenwies-Rehbühl-Pullenreuth und durch die Straße Pullenreuth-Marktredwitz.

Der Bergbau selbst wurde nur an zwei Stellen betrieben, in der Nähe der Einöde Zottenwies und auf dem Rehbühl, 1 km von Zottenwies entfernt. Alle Angaben mit den Bezeichnungen Schindellohe, Pullenreuth, Pilgramsreuth dürften sich auf die beiden genannten Lokalitäten beziehen. Ausgenommen hiervon ist das nördlich gelegene Vorkommen von Waldershof und der sehr fragliche Kohlenfund am Kreuzweiher.

Ein auf churfürstlichen Befehl im Jahre 1787 eine Viertelstunde von Schindellohe auf Kohle abgeteufter Schacht ergab nachstehendes Profil:

20 Fuß (6,1 m) Dammerde,
  4 „ (1,2 m) Letten,
  ½ „ (0,16 m) Holzschiefer,
3—3½ „ (0,9—1,05 m) Holzlager (Lignit),
  ½ „ (0,16 m) Kohlenschiefer, nicht brennbar.

Ein in der Nähe niedergebrachter zweiter Schacht traf Kohle an, die jedoch in kurzer Entfernung vom Schacht auskeilte.

Im Jahre 1831 wurde vom Berg- und Hüttenamt Fichtelberg das Gebiet zwischen Zottenwies und Schindellohe abgebohrt und durch

Schurfschächte aufgeschlossen; da jedoch keine „hoffnungsvolle" Aussicht bestand, wurden 1833 die Schurfarbeiten eingestellt.

Um 1840 versuchte der Besitzer der Einöde Zottenwies den Kohlenbergbau wieder aufzunehmen und legte in der Nähe einen Stollen an, der aus Geldmangel nicht bis zur Kohle vorgetrieben werden konnte. 1842 erwarb von ihm der Fabrikbesitzer und Chemiker Fikenscher in Marktredwitz das Grubenfeld, der die Kohle für seinen Fabrikbetrieb gewinnen wollte. Eine wohl von Fikenscher stammende Analyse der Zottenwieser Kohle zeigt folgende Zusammensetzung:

Kohlenstoff	46,4%
Wasserstoff	4,1 „
Stickstoff u. Sauerstoff . . .	27,2 „
Asche	6,0 „
Wasser bei 100⁰	15,0 „
	99,3%.

Bergfeucht hatte die Kohle 50% Wasser, trocknete langsam an der Luft, wobei sie zuerst aufblätterte und dann zu Grus zerfiel. Ihr Brennwert war etwa gutem Torf gleichzustellen. Beim Verbrennen hinterließ sie 15% Asche.

Nauck (Zeitschr. d. deutsch. geol. Ges. 1850, Bd. II, S. 39 ff.), der während der Zeit des Abbaues durch Fikenscher das Bergwerk öfter besuchte, gibt über die eigentümlichen Lagerungsverhältnisse nachstehendes Profil und schreibt darüber:

„Das abgebaute Kohlenflöz hat eine mittlere Mächtigkeit von 5½ Fuß (1,7 m), in den oberen Teufen 2½—3 , in den unteren 7½ Fuß (2,6 m). Es besteht seiner Hauptmasse nach aus breitgedrückten Stücken gut erhaltenen bituminösen Holzes, zum größten Teil von Koniferen. Es kommt darin Harz und Erdpech vor, einzelne Partien enthalten etwas Schwefelkies. Das Streichen des Braunkohlenflözes von NO nach SW ist in einer Länge von 200 Lachter (400 m) durch den Stollenbau und Abbau der Kohlen, das Fallen (im Mittel 28—30⁰) von SO nach NW durch den Abbau bis zu einer Teufe von 14 Lachter (28 m), von 5 Lachter (10 m) oberer Teufe an erwiesen.

Das Hangende der Braunkohle ist sandiger Schieferton (etwa 2 Lachter), dann folgt Kohlenletten (etwa 1 Lachter), darüber sandiger Ton mit einer dünnen Schicht tonigen und kieseligen Brauneisensteins und von da bis zur Oberfläche Lehm, in welchem sich viele zerstreute Basaltblöcke finden. Das Liegende des Kohlenflözes ist ein bituminöser Schieferton, reich an Blätterabdrücken dikotyledonischer Pflanzen. Unter diesem etwa 2 Lachter mächtigen Schieferton liegt ein sandiger Ton mit einem 2—4 Zoll dicken Streifen Phosphorit . . .

Im Verfolg des Abbaues der Kohlen zeigte sich, daß das Fallen des Flözes immer geringer wurde und bei 14 Lachter (28 m) Teufe in die horizontale Lage überging. Eine nach NW getriebene Versuchsstrecke (B) zeigte, daß das Flöz in geringer Entfernung anstieg und dann plötzlich aufhörte. Im Verfolg dieser Versuchsstrecke fand man zuerst den bituminösen Schieferton, dann Basaltwacke und in einer Entfernung von 5 Lachter (10 m) eine senkrecht stehende Basaltwand. Da jenseits des Basaltes durch Bohrversuche das Kohlenflöz wiedergefunden worden ist, so läßt sich das Fallen der Schichten bestimmen: dies ist hier entgegengesetzt von NW nach SO.

Bemerkenswert ist es, daß der Basalt hier an der Durchbrechungsstelle die Schichten gebogen hat, was er sonst nicht zu tun pflegt . . ." (vgl. Gümbel: „Fichtelgebirge", S. 607 ff.).

Soweit der Bericht von Nauck. Nach 7 jährigem Betrieb stellte Fikenscher im Jahre 1849 das Bergwerk ein. Die tiefst angefahrenen Kohlenschichten, Brandschiefer, lagen direkt auf dem Urgebirge, glimmerschiefer- und phyllitähnlichen Gesteinen.

Die weitere Entwicklung des Pilgramsreuther Braunkohlenvorkommens, wie sie aus den Akten zu entnehmen ist, ist folgende:

Bei den an zahlreichen Stellen dieses Tertiärgebietes umgehenden Bauten auf Eisenerz, wurde bei Schürfungen auf dem Rehbühl bei Zottenwies im Jahre 1849 bei 17 Lachter (34 m) Teufe Kohle angefahren. Zur genaueren Untersuchung derselben brachte das Bergamt Fichtelberg dort 8 Bohrungen nieder, von denen die 5. und 6. fündig wurde und eine bis zu 25 Fuß mächtige Kohle ergab. Zu ihrer Gewinnung wurde ein Stollen projektiert, der von der Klause her in einer Länge von 409 Lachter (818 m) und mit einem Kostenaufwand von 2930 fl. gegen den Rehbühl vorgetrieben werden sollte. An den hohen Kosten und den damaligen schlechten wirtschaftlichen Verhältnissen scheiterte das Projekt. 1858 wurde bei Zottenwies neuerdings vom Staat aus auf Kohle geschürft und hierzu 7 Schächte abgeteuft, von denen nur einer auf Kohle traf. Die hierbei durchfahrenen Schichten ergaben nachstehendes Profil:

4 Lachter (8 m) Sand und Ton,
½   „   (1 m) grauer Ton,
5 Fuß (1,5 m) Kohlenmulm,
3   „   (0,9 m) Kohle,
? Brandschiefer.

Die genauen Schachtansatzpunkte sind nicht mehr bekannt. In neuerer Zeit wurden wiederum mehrere Bohrversuche in der dortigen Gegend unternommen, nachdem das Vorkommen mehrmals den Besitzer gewechselt hatte. Die letzten Bohrungen wurden alle am Rehbühl niedergebracht. Ein Bohrprofil über eine der Bohrungen am Rehbühl zeigt nachstehende Schichtenfolge:

4 m gelber Ton,
34 m schwärzlich-blauer Ton,
6 m Kohle (Lignit).

Im ganzen soll die Kohle dort 11,8 m mächtig sein, nur wurde diese Bohrung bei 44 m abgebrochen und erreichte nicht das Liegende der Kohle. An anderen Stellen sollen dort Braunkohlenflöze von 17 m und 19 m Mächtigkeit erbohrt worden sein.

Im Felde der „Nickel-Zeche" ist im Bahneinschnitt beim Stations-
gebäude von Waldershof unter einer 8 m mächtigen Überdeckung zur Zeit
des Bahnbaues Marktredwitz-Schnabelwaid ein 4 m mächtiges Braunkohlenflöz aufgeschlossen gewesen. Die ersten Nachrichten über dieses
Vorkommen finden wir bei Gümbel, „Fichtelgebirge", S. 606:

„Verfolgen wir die Braunkohlen- und Tonbildungen in der Ver-
tiefung der Kösseinemulde weiter aufwärts, so stoßen wir zunächst
auf lehrreiche Aufschlüsse, die bei dem jüngsten Bahnbau gewonnen
wurden. Am Stationsplatz Waldershof liegt unter 8 m hohem gelben
Tertiärsand ein wellig gekrümmtes und zusammengefaltetes, bis 4 m
mächtiges Braunkohlenflöz, begleitet von auflagerndem grauen, putzen-
weise selbst schön weißen, zum Teil rötlichen Ton.

Ähnlicher grauer Ton und feiner Quarzsand bildet auch das Liegende.
Etwas weiter nördlich davon steht im Bahneinschnitt weißer Ton 2 m
mächtig und graue, feuerfeste Kapselerde 10 m mächtig an, gleichfalls
von feinem weißen Quarzsand begleitet. Es ist zu erwarten, daß diese
schöne Lage technisch nicht unbenutzt bleiben wird. Dieses Vorkommen
ist aber deshalb von großer Wichtigkeit, weil es die direkte Verknüpfung
des Tones mit der Braunkohlenbildung in dieser Gegend außer allen
Zweifel stellt."

Im Laufe der letzten Jahre sind sowohl im Felde der „Philipps"-
als auch der „Nickel"-Zeche eine Reihe von Bohrungen niedergebracht
worden, die nur in einem Bohrloch bei Pilgramsreuth 14 m unreine
Kohle durchfuhren.

Der geologische Aufbau des Braunkohle führenden Tertiärgebietes
südwestlich von Marktredwitz stellt sich folgendermaßen dar:

In die zwischen Kösseine in NW und Steinwald in SO eingelagerten
Phyllite, Gneis- und Quarzphyllite haben sich in einer darin NO-SW
streichenden Mulde die miozänen Schichten, bestehend aus Sanden,
Quarzgeröllen, Tonen und Kaolintonen abgelagert, zwischen denen
an manchen Stellen Lignite, mulmige Braunkohle und bituminöse Brandschiefer auftreten. Auch hier ist dem Tertiär wahrscheinlich eine größere
Flächenverbreitung, als auf der geologischen Karte angegeben ist, zuzu-
sprechen. Gegen Waldershof zu taucht aus den tertiären Ablagerungen
der Urkalk auf, der, bei Riglasreuth an der Fichtelnaab (südwestlich von
Pullenreuth) beginnend, über Dechantsees-Waldershof-Marktredwitz, bis
gegen Arzberg, mehrfach unterbrochen, fortsetzt.

Bei dem beschriebenen Vorkommen handelt es sich um eine Reihe
kleinerer Kohlenvorkommen, deren immer noch zweifelhafte Ausdehnung
nur durch systematische und geologisch einwandfrei angesetzte Bohrungen festgestellt werden kann.

8. Thumsen-Zeche bei Thumsenreuth (ehemalige Zeche „Ernestine").

Am Nordende des großen Serpentinstockes von Erbendorf ist am
Baierhof bei Thumsenreuth in einer flachen Mulde des Granit-
gebirges ein kleines Braunkohle führendes Tertiärvorkommen abge-

lagert. Nahe östlich davon wird der Granit von ziemlich ausgedehnten Basaltmassen durchbrochen. Diese Braunkohlen wurden seit dem Jahre 1838 gewonnen, der Bergbau jedoch 1877 wieder aufgelassen. Im Sommer 1920 begann man östlich der Ziegelhütte das alte Grubenfeld wieder in Angriff zu nehmen. Die uns von dem ehemaligen Bergbau überkommenen Nachrichten über die Lagerungsverhältnisse sind äußerst spärlich und ohne genaue Ortsangaben. Die damals gewonnene Braunkohle war lignitisch und besaß eine durchschnittliche Mächtigkeit von 0,5—2,3 m. Das Lignitlager soll in seinen randlichen Teilen aus teilweise gebogenem, innen noch elastischen Holz bestanden haben. Gümbel, „Ostbayer. Grenzgebirge I", S. 437—438, bemerkt hierzu: „Zu den interessantesten Einschlüssen des Basalttuffes gehören die Pflanzenteile, welche in Form von Stämmen und Ästen oder Stammstücken neuerlich in der Braunkohlengrube bei Bayerhof, unfern Thumsenreuth, aufgeschlossen wurden (LXXX, 16): Am häufigsten erkennt man in diesem Holz, welches zum Teil sehr wohl erhalten ist, Fragmente von Pinites Hoedlianus Ung. Diese Lignite sind dadurch ausgezeichnet, daß das Holz nicht wie auf den Braunkohlenflözen zusammengedrückt, sondern als vollkommen walzenförmige Stücke im ursprünglichen Umfang im Tuff eingebacken ist, zugleich aber entweder vollständig oder doch am Umfang verkohlt erscheint. Der Umstand, daß bei solchen, nur in den äußersten Teilen verkohlten Stücken der Tuff fest mit der Kohle zusammengebacken ist, beweist, daß die Verkohlung nicht vor dem Einschluß im Tuff stattfand, sondern als eine Folge desselben angesehen werden muß. Vollständig verkohlte Stücke verhalten sich genau wie Holzkohle; sie enthalten keine bituminösen Bestandteile mehr, glimmen im Feuer ohne Geruch und geben mit Kalilauge behandelt keine, selbst nicht blaßweingelb gefärbte Flüssigkeit. Durch die galvanische Probe läßt sich erkennen, daß die Kohle keinem sehr hohen Hitzgrad, wenigstens nicht der Weißglut ausgesetzt war, da sie nicht als leitend sich erweist. Bei den am Umfang verkohlten Stücken nimmt der Gehalt an Bitumen mit der Entfernung von diesen verkohlten Außenteilen stufenweise zu bis zum innersten Kern, wo die Masse aus mehr oder weniger normalem Lignit besteht."

Nach einem Aktenvermerk wurde die Kohle bei 15 m Tiefe angetroffen. Zincken („Physiographie der Braunkohle", 1867, S. 514) erwähnt, daß „das Lager unter 25—30 Fuß Basalttuff liegt, einem grauen Sandstein, welcher nach Hahn sein Material dem Granit und dem Basalt entnommen hat, basaltischen Geschieben und Ton. Das Liegende des Lignits besteht aus einer schlammig-kohligen Schicht mit 60% brennbaren Bestandteilen."

Ein Bericht vom 10. März 1858 sagt, daß die Zeche auf einem 8 Fuß mächtigen Lignitlager baut, das horizontal abgelagert ist. Das ganze Braunkohlenlager scheint eine ziemlich ovale, nicht sehr ausgedehnte Mulde zu bilden. Im Hangenden und im Liegenden derselben findet sich Ton. Im Jahre 1863 waren bei der Grube 6 Förderschächte und ein 665 m langer Stollen mit 4 Stollenschächten vorhanden. Aus den etwa 6 m tiefen Schächten wurde Lignit gefördert, der von 3,94 m Teufe an in einem 0,5—2,3 m mächtigen Lager gewonnen wurde (Aktenbericht). Im Laufe des Sommers 1888 wurden in der Nähe der Ziegelhütte 2 Schächte abgeteuft und mehrere Bohrlöcher niedergebracht. Aus dem der Ziegelhütte zunächst gelegenen 14 m tiefen Schacht wurde eine erdige, an der Luft sich blätternde Braunkohle gefördert.

Bei Gümbel, „Ostbayer. Grenzgebirge", S. 434 und 468—469, finden sich noch die genauesten Angaben über die Lagerungsverhältnisse dieses Braunkohlenvorkommens.

S. 434: „Andererseits bemerkt man auch eine Verbindung von basaltischen Tuffmassen mit offenbar jüngeren Sedimentgebilden, welche in Form von Braunkohlenschichten und Brauneisenerzablagerungen die Basalte begleiten. Nicht selten zeigen sich in der tonigen Unterlage der Braunkohlenflöze zahlreiche Einschlüsse von basaltischem Gestein und Tuff und aus den tonigen Schichten werden nach und nach Konglomeratlagen, so daß unzweifelhaft die Entstehung dieser Tertiärgebilde nahe mit der Zeit der Hauptbasalteruption zusammenfällt. An wenigen Stellen liegen selbst konglomeratartige Tuffe zwischen und über den Braunkohlenflözen (Bayerhof bei Thumsenreuth)."

S. 468: „Auch Kieselsäure in derben Ausscheidungen beteiligt sich an der Zusammensetzung unserer neogenen Tertiärschichten. Sie findet sich nicht nur als Versteinerungsmittel von Baumstämmen, welche von Quarzsubstanz vollständig durchtränkt (Kieselhölzer) sind, z. B. ... bei Thumsenreuth."

Im Hangenden der Braunkohle bei Thumsenreuth fanden sich ziemlich mächtige Lagen einer erdigen Harzmasse zwischen den bituminösen Tonlagen. Gümbel l. c., S. 469, nannte dieses wohlriechende Erdharz Euosmit. Dessen Analyse ergab nach Abrechnung von 8,4% Asche

$$
\begin{array}{ll}
\text{Kohlenstoff} & 81,89\% \\
\text{Wasserstoff} & 11,73\,, \\
\underline{\text{Sauerstoff} \qquad\qquad\quad\ \ 6,38\,,} & C_{34}\ H_{29}\ O_2 \\
100,00\%.
\end{array}
$$

Es ist braungelb und in dünnen Schichten durchsichtig. Der Bruch ist muschelig. Beim Reiben wird es elektrisch und gibt einen stark an Rosmarin und Kampfer erinnernden Geruch ab. Härte 1,5; spez. Gew. 1,2—1,5. Schmelzpunkt bei 77° C. Mit stark leuchtender Flamme brennend, in Alkohol, Äther, Terpentinöl ohne Rückstand löslich, nur teilweise in konzentrierter Schwefelsäure.

Der Anfang September 1920 dort östlich der Ziegelhütte in Angriff genommene Schacht hatte gegen Ende des gleichen Monats eine Tiefe von 6 m erreicht und zeigte folgendes Profil:

0—2,75 m Humus und sandiger Letten,
2,75—4,25 m erdige Braunkohle mit Lignitlagen,
4,25—6,00 m bituminöser grünlicher Ton.

Die durchfahrenen Schichten zeigten ein schwaches Einfallen nach Osten.

B. Braunkohlenvorkommen in der südlichen Oberpfalz.

Vom Regierungsgeologen Dr. Heinrich Arndt.

1. Braunkohlengruben der Vereinigten Gewerkschaft Schmidgaden-Schwarzenfeld.

In der Umgebung von Schwarzenfeld bei Schwandorf besitzt die Vereinigte Gewerkschaft Schmidgaden-Schwarzenfeld einen größeren Felderbezirk, der sich in der Hauptsache von Schwarzenfeld nach Westen zu erstreckt.

Aus v. Ammon: „Bayerische Braunkohlen usw." erfahren wir nähere Angaben darüber:

„Die Flöze der Schwarzenfelder Gegend sind muldenförmig gelagert. Die durchschnittliche Mächtigkeit der abbaubaren Kohle beträgt 2,5 m. An den Rändern der der nordwestlich gerichteten Einbuchtung folgenden Mulde sind die Muldenflügel steil aufgerichtet. Es zeigen sich einige Flöze übereinander ausgebildet. Deckgebirge nicht unbeträchtlich hoch, daher Tiefbau notwendig. Die Kohle ist mit sandigen und tonigen Bestandteilen durchsetzt, außerdem treten auch Schichten von sandigem Ton dazwischen auf. . . . .

Der in Betrieb gewesene Förderschacht von Schwarzenfeld ist 40 m tief. Bei 17 m und 30 m zwei Bänke von abbauwürdiger Kohle, von 33 m bis zur Sohle wurde Kohle mit einzelnen Tonzwischenlagen durchsunken. Das Kohlenmaterial der Grube Schwarzenfeld ist nicht von homogener Beschaffenheit, es setzt sich vielmehr zusammen aus mulmiger Kohle, aus fester Braunkohle und aus Lignit. Der Aschengehalt des Lignits beträgt 2—4%, der von der Kohle durchschnittlich 15—18%. Der Wassergehalt ist bei der grubenfeuchten Kohle 50%. Die Kohle besitzt eine wechselnde, nicht allzu große Mächtigkeit." An anderen Stellen werden 3—11 m genannt.

In den letzten Jahren begann man im Felde der Braunkohlengrube Schmidgaden die Kohle im Tagebau zu gewinnen. Zwei Tagebaue befinden sich südöstlich der Ortschaft Schmidgaden und erstrecken sich dort in NW-SO streichender Richtung. Auch hier ist das Vorkommen muldenförmig abgelagert. In beiden Bauen ist das Deckgebirge sehr mächtig, durchschnittlich 12 m, schwillt aber stellenweise bis zu 17 m an.

Im Buchthal, etwa 1 km südöstlich von dem Schmidgadener Tagebau befindet sich zurzeit ein neuer Tagebau im Aufschluß, der die Kohle der sog. Buchthalmulde gewinnen soll. Bei den Abraumarbeiten im Buchthal hat sich eine durchschnittliche Mächtigkeit des Deckgebirges, das aus feinen, meistens sehr eisenschüssigen Sanden besteht, vermischt mit ziemlich fettem, sandigen Ton, der durch eingeschlossene Kohlenteilchen verunreinigt ist, von 6—8 m ergeben. In dem Muldentiefsten erreicht die Kohle, wie sich aus den Bohrungen gezeigt hat, eine

Mächtigkeit von 12—14 m; im Durchschnitt geht sie jedoch nicht über 8 m hinaus.

Das Braunkohle führende Tertiär liegt bei Schmidgaden und im Buchthal auf Rotliegend-Schichten, die sich auf den Granit und Gneis des Urgebirgs auflegen. Bei Schmidgaden selbst ist das Rotliegende als Untergrund der Kohle sicher nachgewiesen; vom Buchthal liegen noch keine Proben des Liegenden der Kohle vor. Nach Westen zu stoßen die tertiären Ablagerungen am Granit und Gneis ab, während sie sich gegen SW und S zu hauptsächlich auf Kreideschichten abgelagert haben.

Wie v. Ammon l. c., S. 26, erwähnt, sollen durch Bohrungen Kohlenlagen in einer Mächtigkeit von 5—10 m bei Irrenlohe, im S der Schwarzenfelder Tertiärablagerungen nachgewiesen worden sein.

Über Bohrergebnisse in der nach NW von Schwarzenfeld-Stulln gegen Rottendorf zu hinziehenden Tertiärbucht liegen Angaben nicht vor.

2. „Fürstenhof-Zeche" bei Amberg.

Die Braunkohlen führenden tertiären Ablagerungen setzen sich vom Naabtal durch die Schwarzenfeld-Amberger Niederung nach NW zu fort und sind noch südlich und südöstlich der Stadt Amberg beim Strafarbeitshaus in einigen kleinen Resten erhalten. Nach Gümbel wurden dort schon in den Jahren 1849/50 im Felde der „Fürstenhofzeche" 2774 Ztr. Kohle gewonnen. Neuerdings wurden dort durch die Gewerkschaft Ludwig 3 Schächte abgeteuft, von denen zwei die Kohle antrafen. Hierbei ergab sich in dem dem Strafarbeitshaus zunächst gelegenen Schacht folgendes Profil:

0— 6,0 m rötlicher, quarziger Sand,
6,0— 7,4 m schwärzlicher Ton,
7,4— 7,9 m stark durch Ton verunreinigte Kohle,
7,9— 9,4 m schwarzer bis blauschwarzer Ton,
9,4—10,4 m K o h l e ,
10,4—10,8 m blauer Ton,
10,8—11,8 m K o h l e , l i g n i t i s c h , t e i l w e i s e v o l l k o m m e n
h o l z k o h l e n a r t i g ,
11,8—12,3 m grauer, grobkörniger Quarzsand,
12,3—13,0 m blauer Ton.

In Schacht II, in geringer Entfernung davon gelegen, wurde die Kohle bei 11 m Teufe angetroffen, jedoch steil nach NW einfallend, während in Schacht I bei einem NO-SW verlaufendem Flözstreichen das Einfallen mit etwa 20⁰ nach SO gemessen wurde. Falls nicht durch tektonische Störungen dieser starke Wechsel im Einfallen bedingt ist, wäre in Schacht II der Gegenflügel der Mulde aufgeschlossen, der sich der Beschaffenheit des Jurauntergrundes entsprechend, steil aufgerichtet hat, eine Annahme, die um so wahrscheinlicher erscheint, als man in dem südlicher gelegenen Schacht III schon in geringer Tiefe auf jurassische Gesteine stieß, ohne vorher Kohle angetroffen zu haben.

3. Braunkohlenvorkommen bei Wackersdorf-Klardorf.

(Bayerische Braunkohlen-Industrie-A.-G., Schwandorf.)

Betrachtet man auf der geologischen Karte den Verlauf der tertiären Ablagerungen der Naabtalsenke zwischen Regensburg und Schwarzenfeld, so zeigt sich, daß diese ihre größte zusammenhängende Verbreitung südlich von Schwandorf besitzen, wo sie sich auf dem linken Naabufer gegen SO hin in die Bodenwöhrer Bucht hinein erstrecken. Mit dem östlichen Teil des Schwarzenfelder Tertiärs stehen sie durch eine schmale Bucht in Zusammenhang, die sich über Kronstetten-Rauberweiherhaus nach N hinzieht. Auf der Westseite verschwindet das Tertiär unter den Alluvionen des Naabtales und ist nur in kleinen Resten bei Naabeck und bei Haselbach-Ensdorf sichtbar. v. Ammon gibt in trefflicher Kürze die Ablagerungsverhältnisse dieser weiten Tertiärmulde, l. c., S. 52/53, in folgenden Ausführungen wieder:

„Dieser Arm" (der die Verbindung mit der Schwarzenfelder Ablagerung herstellt) „ist über Kronstetten mit der Hauptablagerung verbunden, deren nördlicher Rand durch die Berge (Jura und Kreide) in der Schwandorfer Ecke und die Hügel (Kreide, Jura und Keuper) nördlich von Wackersdorf mit dem zweiten nach O vorspringenden Alberndorfer Riegel gebildet wird. Im O begrenzt der Keuper bei Höselbach und Steinberg die weite Mulde, die nach SO hin dem alten Gebirge sich anlehnt. Das Urgebirge setzt sich dann über Loisnitz südwärts nach Haidhof hin fort. Hier, am Südrand, an der Teublitzer Enge, geht das Becken in das Haidhofer Revier über, die Westgrenze ist durch das Juragebirge an der Naab gegeben."

Wie bei Schwarzenfeld und bei den übrigen noch zu besprechenden Vorkommen sind auch hier im Zusammenhang mit dem Auftreten der Braunkohle verwertbare, meist hoch feuerfeste Tonvorkommen weit verbreitet.

Die Mächtigkeit des die Kohle überlagernden Deckgebirges schwankt zwischen 5 und 15 m, das vorwiegend aus weißen und gelblichen Sanden besteht, deren oberste Partien v. Ammon als diluvial gelten lassen möchte. Flache, linsenförmige Toneinlagerungen treten häufig in diesen Sanden auf. Gegen das Hangende der Kohle hin stellt sich in der Regel ein brauner, bituminöser Ton ein, oft untermischt mit unreinen Kohlenstreifen. Die Mächtigkeit dieses Hangendtones übersteigt gewöhnlich nicht 2 m. Die oberste Partie der nun beginnenden Hauptkohlenablagerung bildet ein Lignitlager von 1,5—2 m Stärke, dessen Zwischenräume mulmige Kohle erfüllt. Die nun folgende erdige Braunkohle wird von dem Lignit durch eine schwache Tonlage getrennt, ist aber noch mit Lignit untermischt. Nach der Tiefe zu wird die erdige Braunkohle fester und läßt sich in größeren Stücken brechen. Im Hangenden der Kohle sowohl, wie auch etwa 1 m unter dem Lignitlager treten schwache, bis 30 cm starke, plattige Quarzitlagen auf mit zahlreichen Pflanzenabdrücken, ebenso wie sich in den Hangendtonen der Kohle stellenweise schwache Einschlüsse von Diatomeenerde vorfinden, eine Erscheinung,

2*

die sich auch im Tagebau der Überlandzentrale bei Haidhof beobachten ließ.

Die in der Kohle auftretenden Zwischenmittel, seien es nun durchgehende Tonlagen oder nur flach linsenförmige Toneinlagerungen, können bei der großen Kohlenmächtigkeit, die im engeren Wackersdorfer Gebiet zwischen 18 und 40 m schwankt, nicht den Eindruck einer einzigen mächtigen Ablagerung verwischen. Im Allgemeinen sind die Schichten horizontal abgesetzt, nur stellenweise zeigen sie ein schwaches Einfallen nach S. Im Tagebau, der sich von Wackersdorf südwärts gegen Holzheim hin erstreckt, wurde in letzter Zeit am Südstoß sowohl auf der Ost- wie auf der Westseite desselben der Keuper als Liegendes der Kohle angetroffen, der die von Wackersdorf herziehende breite Kohlenmulde hier stark einengt, ihre Flügel steil aufrichtet und auf geringe Entfernung unter starker Verminderung der Kohlenmächtigkeit zu Tage ausstreichen läßt. Aus den Bohrungen hat sich eine wellige Unregelmäßigkeit des Keuperuntergrundes ergeben. Ungefähr am heutigen Südstoß des Tagebaues gabelt sich die von Wackersdorf herziehende Hauptkohlenmulde und setzt sich einerseits fort in südwestlicher Richtung gegen Holzheim zu, anderseits gegen Südost als die sog. Heselbacher Mulde. Torfschichten stellen im S des Tagebaues auf weite Erstreckung hin die obersten Überlagerungsgebilde dar.

Im S des Wackersdorfer Tertiärgebietes, das sich an das Urgebirge anlehnt, haben die Bohrungen im Feld der „neuen Hoffnungs-Zeche" bei Holzheim ergeben, daß stellenweise sandige und tonige Keuperschichten hier noch dem Urgebirge auflagern. Die tertiären Ablagerungen haben sich in die Buchten des alten Gebirges hinein erstreckt, und es sind auch dort noch Kohlen von einiger Mächtigkeit erbohrt worden.

4. Braunkohlenvorkommen im Sauforst.

(Bayerische Überlandzentrale, A.-G., Haidhof.)

Das südlichste der drei großen tertiären Becken zwischen Regensburg und Schwarzenfeld, das sog. Sauforst-Haidhofer Tertiärbecken, nimmt im S seinen Anfang etwa bei Ponholz, erweitert sich nach W zu über den Forst Rafa gegen die Naab und gegen Burglengenfeld hin, reicht nördlich bis Teublitz, wo es durch die Teublitzer Enge mit der Wackersdorfer Ablagerung in Verbindung steht und wird im Osten durch das Urgebirge begrenzt. Zahlreich sind die Stellen, an denen als Inseln der tertiären Gewässer Jura-Kalk- und- Dolomitfelsen emporragen. Zwischen diesen haben sich, alle Vertiefungen und Unebenheiten des Jurauntergrundes erfüllend, die tertiären Ablagerungen absetzen können, deren unterste Schichten aus Sanden, bituminösen und plastischen Tonen bestehen. In der großen Mulde westlich von Haidhof sind durch den schon seit langer Zeit dort umgehenden Bergbau und durch Bohrungen die Ablagerungsverhältnisse der Braunkohle sehr genau bekannt geworden. Von den fünf bauwürdigen Flözen des Muldeninnern, neben denen noch einige nicht bauwürdige auftreten, sind nur 2—3 an den Muldenrändern noch ausgebildet. Drei Flöze streichen im Osten mit dem steil aufsteigenden Jurakalk zwischen Verrau-Haidhof und Station Ponholz zu Tage aus, gegen Westen zu verläuft ihre Ausbißlinie ungefähr parallel zur Ostgrenze der großen Rodinger Jurainsel.

Die Begrenzung dieser Braunkohlen führenden Hauptmulde gibt v. Ammon l. c., S. 39, folgendermaßen an:

„. . . die hauptsächlichste flözführende Region stellt ein unregel-mäßiges Rechteck dar mit 2 km Breite und 3½ km Seitenlänge. Die Nordseite reicht von Verrau an der Maxhütte vorbei bis gegen den Westrand des Sauforster Holzes, westwärts läuft die Grenze bei Roding durch, die Südseite reicht noch über die Burglengenfeld-Regensburger Straße hinaus und ostwärts zieht sich die Linie über Winkerling nach dem Weiler Haidhof hin."

Die Überdeckung der Kohle bilden weiße und gelbliche Sande mit tonigen Zwischenlagen und eingelagerten Schwimmsandnestern. Ihre Mächtigkeit ist außerordentlich schwankend und abhängig von der sehr hügeligen Bodenbeschaffenheit; sie bewegt sich zwischen 3 und 30 m. Gegen das oberste Flöz bilden stets tonige Schichten den Übergang. Diese sind stellenweise wasserführend. Gleichwie in Wackersdorf finden sich auch hier über der Kohle Einlagerungen von Saugschiefer oder Diatomeenerde, deren Analyse nach A. Schwager folgende Zusammensetzung zeigt (vgl. v. Ammon, Bayer. Braunkohlen usw., S. 40):

Kieselerde	63,94%
Tonerde	16,92 „
Eisenoxyd	4,22 „
Kalkerde	2,95 „
Bittererde	0,39 „
Kali	0,46 „
Natron	0,18 „
Phosphorsäure	0,32 „
Kohlensäure	2,74 „
Organisches und Wasser . . .	8,52 „
	100,64%.

Die Zwischenmittel der einzelnen Flöze bestehen immer aus Ton. Hierunter sind solche, die wegen ihrer hohen Feuerfestigkeit in der keramischen Industrie für Schamottefabrikation sehr gesucht sind.

Für den bauwürdigen Teil der Haidhofer Mulde dürfen als durchschnittliche Flözmächtigkeiten folgende abgerundete Werte gelten:

1. Flötz	2,35 m
2. „	2,30 „
3. „	4,35 „
4. „	2,50 „
5. „	2,30 „

Hieraus ergibt sich eine Gesamtflözmächtigkeit von rd. 13,80 m. Die Lagerung der Flöze ist im allgemeinen horizontal bis wellig, je nach

dem Untergrund, ungestört und mit schwachem Einfallen (ca. 8⁰)
gegen das Muldentiefste zu, das sich etwa beim Förderschacht zwischen
Zentrale und Deglhof befindet. Gegen das Ausgehende hin sollen sie
nach Gümbel je nach dem mehr oder weniger steilen Aufsteigen des
Jurauntergrundes Einfallen bis zu 50⁰ aufweisen. Ferner weist Gümbel
(Ostbayer. Grenzgebirge, S. 788/89) auf eine Erscheinung hin, die zurzeit
nicht mehr zu beobachten ist, die aber von außerordentlicher Wichtigkeit für die Erklärung der Entstehung der Oberpfälzer Braunkohlen ist.
Er schreibt:

„Sehr merkwürdig sind die in den Braunkohlenflözen horizontal
liegenden, oft sehr langen Lignitstämme während die Wurzelstrünke
noch senkrecht in der mulmigen Kohle stehen, ja manchmal hingen
beide noch zusammen, so daß wir die Entstehung dieser Braunkohlenflöze aus einem an Ort und Stelle gewachsenen, wahrscheinlich sumpfigen
Wald, dessen Bäume infolge des Alters oder durch Windbruch umge-
stürzt wurden, auf das Deutlichste erkennen."

5. Braunkohlenvorkommen bei Schwetzendorf und Schwaighausen.

Bei der Beschreibung dieser Vorkommen, die auch heute noch nicht
durch den Bergbau aufgeschlossen, sondern nur durch Bohrungen bekannt sind, müssen wir uns auf die Angaben verlassen, die v. Ammon
hierüber gibt. Im Süden der tertiären Ablagerungen zwischen Naab
und Regen liegen zwischen Schwaighausen und Schwetzendorf
die Felder der „Fortunazeche", „Gut Glück", „Haselhof",
„Schwaighausen" und „Gustavzeche". Diese Vorkommen, die
in den Jahren 1907/08 erbohrt wurden, gehören einer N-S verlaufenden,
etwa 4 km langen und 100—400 m breiten Braunkohlenmulde an, die
sich, bei Haselhof beginnend, über Schwetzendorf nach Schwaighausen
hinaufzieht, mit einer nordwestlich gerichteten Ausbuchtung gegen
Rohrdorf hin. Im Felde der „Fortunazeche" im Schwaighauser Forst
wurde eine mit Zwischenmitteln durchzogene Kohle in einer Mächtigkeit von 5 m unter einer Überlagerung von 14 m angetroffen. Die Bohrungen zwischen Schwetzendorf und Schwaighausen ergaben im allgemeinen das Vorhandensein von zwei bauwürdigen Flözen von durchschnittlich 4—6 m Mächtigkeit bei einer verhältnismäßig geringen
Überdeckung.

Diese Vorkommen im Süden der tertiären Ablagerungen der Naabtalsenke leiten über zu den Braunkohlenvorkommen bei Regensburg,
die sich in nächster Nähe der Stadt bei Prüfening, Dechbetten-
Kumpfmühl, dann zwischen Naab und Donau bei Eichhofen,
Viehausen-Alling und Abbach befinden.

6. Die Braunkohlenvorkommen in der Umgebung von Regensburg.
„Friedrichzeche" bei Prüfening.

Im Südwesten der Stadt Regensburg befindet sich dicht bei der
Ortschaft Dechbetten die Tongrube des Tonwerkes Prüfening (Be-

sitzer Maier und Reinhardt), wo die mit dem Ton zusammen auftretende Braunkohle für den eigenen Bedarf des Tonwerkes gewonnen wird. Auf dieses Kohlenvorkommen wurde das etwa 5 ha bedeckende Grubenfeld „Friedrichzeche" verliehen.

v. Ammon gibt l. c., S. 31—33, über dieses Vorkommen eine auch noch heute vollgültige Beschreibung die daher im Folgenden überübernommen wird:

„Im Süden und Südwesten der Stadt erheben sich niedrige Hügel, aus Sandstein oder Plänerkalk der Kreideformation zusammengesetzt. Dem Rande dieser von Dechbetten nach Prüfening zur Donau sich hinziehenden flachen Geländeschwelle lehnt sich, überdeckt von jüngeren Gebilden, eine tertiäre Mulde an, die auch südwärts in die Vertiefungen zwischen den aus Kreidegestein bestehenden Rücken hineingreift. Die tertiären Absätze lassen vorwaltend und nach der Tiefe zu toniges Material erkennen, außerdem finden sich auch kohlige Einlagerungen vor, welche zumeist in der Form von flachen, langen Nestern auftreten. Die kohligen Einbettungen bestehen zum Teil aus Braunkohle selbst."

Erwähnt zu werden verdient noch, daß die Prüfeninger Tongrube eine Reihe der schönsten Versteinerungen geliefert hat, besonders Skeletteile von Reptilien.

„Hedwigszeche" bei Kumpfmühl.

In der östlichen Fortsetzung dieser schmalen Tertiärmulde liegt das Grubenfeld „Hedwigszeche" der „Deutsch-Luxemburgischen Bergbau-A.-G.", die im Jahre 1920 bei Kumpfmühl und Königswiesen mit der Erschließung der dortigen schon seit langem bekannten Kohlenlager begonnen hat.

Gewerkschaft „Karolinenzeche" bei Eichhofen.

Dicht östlich der Bahnstation Eichhofen erstreckt sich, beiderseits von Jurafelsen begrenzt, in SO-NW-Richtung eine schmale Braunkohlenmulde von etwas mehr als ½ km Länge, als einer der wenigen Reste der auf der Höhe des Juraplateaus zwischen Naab-Laber- und Altmühltal erhalten gebliebenen tertiären Ablagerungen. Das Hangende der in mehrere Bänke geschiedenen, erdigen, stark mit Lignit durchsetzten Kohlenablagerung bilden leicht schmelzbare Tone, die in der nahe bei der Grube liegenden Fabrik verwertet werden. Die gesamte Mächtigkeit der Kohlenablagerung beläuft sich auf etwa 3—4 m. Unterbrochen wird sie mehrfach durch graue mergelige Lagen, die überaus reich sind an Fossileinschlüssen. Das Kohlenvorkommen ist zum größten Teil schon ausgebeutet, die letzten Reste sollen noch durch Tagebau geholt werden.

„Ludwigszeche" bei Viehausen.

Die Felder der Gewerkschaft „Ludwigszeche" befinden sich in den Gemeinden Viehausen, Reichenstetten, Kelheim, Eulsbrunn, Schönhofen und Kapfelberg. Die tertiären Ablagerungen erstrecken sich hier vom Labertal in südlicher Richtung gegen die Donau bei Kapfelberg in einer Länge von etwa 7 km und einer Breite von etwa 3 km.

Zurzeit wird durch die Papierfabrik Alling im Bereiche der „Ludwigszeche" Kohle gewonnen für den eigenen Industriebedarf. Das Kohlenvorkommen erstreckt sich in seiner Längenausdehnung von N nach S. Das Muldentiefste liegt etwa 150 m vom östlichen Ausstreichen der Kohle entfernt. Der 27,80 m tiefe Förderschacht zeigt nach den erhaltenen Angaben folgendes Profil:

         0,0— 6,0 m brauner Lehm, sandiger Letten,
         6,0— 8,5 „ Schwimmsand,
         8,5— 9,5 „ blauer Ton,
         9,5—11,5 „ weißer Ton,
        11,5—25,5 „ schwarzer Ton,
        25,5—26,0 „ Braunkohle,
        26,0—26,3 „ Mergel, fossilleer,
        26,3—26,7 „ schwarzbrauner Ton,
        26,7—27,5 „ Braunkohle,
        27,5—27,8 „ hellgrauer Mergel,
        27,8— ?   brauner Ton.

Nach v. Ammon wurde durch Bohrungen die Lage der Braunkohlenablagerung im ganzen Felde der „Ludwigszeche" festgestellt. Danach schwankt die Mächtigkeit des Deckgebirges zwischen 10 und 30 m; die Kohle ist durchschnittlich 2 m stark entwickelt. Zwei schwache Mergelschichten ziehen sich durch die kohligen Ablagerungen hindurch. Das Liegende des Tertiärs wird durch das aus Kalken und Dolomiten bestehende Juraplateau gebildet.

Andere kleinere Vorkommen.

Im Süden dieser Tertiärbucht gewinnen im Grubenfelde der Zeche „Donaufreiheit II" bei Kapfelberg am linken Donauufer die Portlandzementwerke Abbach a. D., A.-G., für eigenen Bedarf des Werkes Kohle. Auch hier gelten im wesentlichen die eben geschilderten geologischen Verhältnisse.

Auf dem rechten Donauufer förderten schon 1866 einige kleinere Gruben bei Abbach 400000 Ztr. Kohlen.

Vor den Toren der Stadt Regensburg fand früher bei Königswiesen und Kumpfmühl Abbau auf Kohle statt. An zahlreichen Punkten im Süden von Regensburg ist man auf Kohle gestoßen, ohne daß es jedoch dort zu einer Gewinnung derselben kam. Der Vollständigkeit halber seien die Namen dieser Fundstellen genannt:

Karthaus-Prüll, in der Fortsetzung der Dechbettener Mulde; Hölkering bei Pentling; auf der Ziegetsdorfer Höhe; bei Wolkering und Gebelkofen und nördlich und südlich von Abbach bei Graßlfing und Weichs.

C. Braunkohlenvorkommen in Niederbayern.

Vom Regierungsgeologen Dr. Heinrich Arndt.

Die niederbayerischen Braunkohlenvorkommen am Südabfall des Bayerischen Waldes gehören ausnahmslos dem Tertiär an:

Das bedeutendste dieser Vorkommen ist jenes von Hengersberg-Schwanenkirchen, östlich von Deggendorf, wo sich braunkohleführende Tertiärschichten, dem Gneis und Granit des Bayerischen Waldes aufgelagert, in einer SO-NW-Erstreckung auf eine Länge von 6—8 km hinziehen.

Auf diesem Vorkommen baute in den 90er Jahren des vorigen Jahrhunderts die „Augustuszeche" (spätere „Augustus-Marienzeche", nachher „Josephszeche"). Hierbei wurde bei Schwanenkirchen im Schacht der „Josephszeche" die Kohle in einer Mächtigkeit von 7 m angefahren unter einer 30 m mächtigen sandig-tonigen Überdeckung. Durch eine Reihe von Bohrungen wurde die Kohle festgestellt bei Lapferding und zwischen Poppenberg und Dingstetten in einer Stärke von 1,5 m unter 28 m Deckgebirge. Hangendes und Liegendes der ziemlich festen, lignitisch-erdigen Kohle, die der Oberpfälzer Kohle ähnlich ist, bilden fette, plastische Tone. Neuerdings wurde der Abbau dieses Kohlenvorkommens wieder in Angriff genommen. Der Förderschacht, in der Talsohle zwischen Hütting und Hub gelegen, zeigt bis zu einer Tiefe von 32 m folgendes Profil:

```
0,00—27,25 m  sandig-tonige Schichten,
27,25—28,25 „  Braunkohle,
28,25—29,25 „  fetter, grauer Ton,
29,25—29,40 „  fetter, brauner Ton,
29,40—31,00 „  Braunkohle,
31,00—32,00 „  fetter, brauner Ton.
```

Im Bereiche des ehemaligen, jetzt zur „Josephszeche" gehörigen Braunkohlenfeldes „Hengersbergzeche" wurde die Kohle in einem Brunnen einer Brauerei nachgewiesen. Nähere Angaben hierüber fehlen. Ein weiterer Fundpunkt in einem Gartengrundstück in Hengersberg selbst zeigte in einem 3 m tiefen Schurfschacht 2,7 m bläulich-grauen Ton, darunter ein schwaches 15 cm starkes Braunkohlenflözchen, dessen Liegendes wieder durch vereinzelte Kohlenbeimengungen verunreinigter Ton ist. Das Flöz zeigt ein Streichen von NO nach SW mit geringem Einfallen nach SO. Die Kohle war von lignitischer Beschaffenheit und nahm an der Luft einen pechartigen Glanz an.

In der Nähe von Straubing wurde im Jahre 1909 im Felde der Braunkohlenmutung „Hadwiga I" nördlich der Stadt, dicht an der Donau, eine Bohrung niedergebracht, die in einer Tiefe von 82,15—90,0 m Kohlen erbohrte, teilweise ausgesprochenen Lignit, teilweise mulmige Braunkohle. Der Wechsel von Braunkohle und Tonzwischenlagen konnte bei der Bohrung festgestellt werden. Mächtigkeiten der einzelnen Partien ließen sich jedoch wegen des Bohrverfahrens nicht ermitteln. Von 90—92 m wurde fester zäher Ton mit geringen Kohleneinlagerungen durchfahren, von 92—93 m mulmige Kohle und von 93—96 m lignitische Kohle. Die Kohlen setzten weiter fort bis zu 100,5 m in mehr oder weniger durch Ton verunreinigten Lagen. Bei der Weiterbohrung bis zu 106 m wurde keine Kohle mehr angetroffen. Die durchörterten kohlenführenden Schichten haben nach den Bohrergebnissen eine ungefähre Mächtigkeit von 15 m. Zum Abbau der Kohle ist es dort nicht gekommen.

Ein anderes Braunkohlenvorkommen, 8 km nordwestlich von Bogen, liegt im Felde der 1910 verliehenen Braunkohlenmutung „Annyen-Zeche". Der in einem Garten in Wolferszell liegende Fundpunkt, ein Schurfschacht von 3,3 m Tiefe, zeigt nachstehendes Profil:

        20 cm Humusdecke,
        130 cm rötlicher Sand,
        65 cm grauer Ton,
        100 cm Braunkohlenflöz,
        5 cm Sand,
        10 cm Ton.

Die Ablagerung der Schichten ist horizontal erfolgt. Die Braunkohle selbst, stark mit Ton verunreinigt, ist von minderer Qualität. In lufttrockenem Zustand enthält sie 14% Feuchtigkeit und 25,3% Aschenbestandteile. Bei 110° getrocknet beträgt der Aschengehalt 29,42%. Mit Ammoniak gibt die Kohlensubstanz nach kurzer Zeit eine sehr dunkle Lösung, eine Erscheinung, die auf eine sehr junge Kohle schließen läßt. Eine während des Krieges ausgeführte geologische Untersuchung des Grubenfeldes der Annyen-Zeche kam zu dem Ergebnis, daß dieses Kohlenvorkommen ein tertiäres ist, und die Kohle nicht als ein älterer Torf des Alluviums aufzufassen ist.

Zwischen Vilshofen und Passau sind in den letzten Jahren die auch bei v. Ammon l. c., S. 62, erwähnten Braunkohlenvorkommen von Rathsmannsdorf und Jägerreuth-Tiefenbach in Abbau genommen worden.

Die Grubenfelder „Rathsmannsdorf" und „Rathsmannsdorf I" liegen in der nach der Donau zu abfallenden Hügellandschaft des Bayerischen Waldes, die sich von Passau auf der Nordseite des Flusses über Gaishofen-Windorf nach Vilshofen zu erstreckt. Den Untergrund bildet hier im wesentlichen Gneis, stellenweise in großen Flächen überlagert von Diluvium. In den Vertiefungen des Gneisuntergrundes haben sich unter der diluvialen Bedeckung Reste der tertiären Ablagerungen erhalten können, die, bevor sie der Erosion anheimgefallen sind, wohl ehemals über dem ganzen Gebiet verbreitet waren und von Straubing her bis gegen Passau in Zusammenhang gestanden sein mochten. Ob aber die Kohlenvorkommen der tertiären Ablagerungen am Südrand des Bayerischen Waldes jemals ein geschlossenes Flöz waren, erscheint sehr zweifelhaft.

Die Lagerungsverhältnisse der Kohle in den Rathsmannsdorfer Grubenfeldern sind nach dem amtlichen Fundesprotokoll folgende:

Grubenfeld Rathsmannsdorf:

0,00—10,35 m helle und graue Tone,
10,35—10,50 „ blauer Ton mit Braunkohleneinlagerungen,
10,50—12,30 „ Kohlenflöz,
12,30—12,45 „ schwarzer Ton mit Kohlenspuren.

Grubenfeld Rathsmannsdorf I:

0,00—10,40 m heller, dann blaugrauer Ton,
10,40—11,88 „ Kohlenflöz,
11,88—11,93 „ grauer Ton mit Kohlenspuren.

Nach den bisherigen Aufschlüssen konnte nur das Vorhandensein eines Flözes nachgewiesen werden. Die Kohlenablagerung verläuft im allgemeinen horizontal und ungestört. Die Kohle ist als typischer Lignit entwickelt mit vorherrschenden Partien dichter Braunkohle. Beim Trocknen an der Luft blättert sie stark auf und zerfällt. Nach Delkeskamp zeigt die Kohle stellenweise glanzkohlenartigen Charakter, besonders an den ausbeißenden Flözteilen. Auch an kleineren Stücken lassen sich neben dem Lignitcharakter erdige, pech- und glanzkohlenartige Partien feststellen, die Delkeskamp auf Entsäuerung durch langes Auswaschen mittels kalkhaltiger Tageswässer zurückführt.

In dem Grubenfeld Tiefenbach sind größere Kohlenaufschlüsse nicht vorhanden. In einem einzigen Aufschluß innerhalb des Feldes wurde ein ½ m mächtiges Kohlenflöz unter 5 m Ton festgestellt. Nähere Angaben hierüber, sowie über weitere Bohrungen fehlen.

Die gleichen geologischen Lagerungsverhältnisse, die für Rathsmannsdorf maßgebend sind, gelten auch für Tiefenbach, das südlich damit markscheidende Grubenfeld Passau und das östlich der Ilz gelegene Grubenfeld „Franzenszeche".

Im Felde der Braunkohlengrube „Passau" fand in früheren Jahren mehrfach schon der Abbau der Braunkohle statt in der Nähe des Weilers Jägerreuth, kam aber stets wieder zum Erliegen. Der Abbau bewegte sich hier im 2. Flöz. Die Verleihungsbohrung auf das Grubenfeld „Passau" zeigte nachstehende Schichtenfolge:

0,00— 6,00 m grauer Ton,
6,00— 7,60 „ Braunkohle (1. Flöz),
7,60—14,00 „ dunkler Ton,
14,00—16,20 „ Braunkohle (2. Flöz),
16,20—17,00 „ dunkler Ton.

Der in letzter Zeit dort wieder aufgenommene Bergbau hatte infolge der überaus mächtigen diluvialen Überlagerung und der darin eingeschlossenen Schwimmsandlagen beim Abteufen des Förderschachtes mit mancherlei Schwierigkeiten zu kämpfen. Der bis zu 36,6 m Tiefe niedergebrachte Schacht durchfuhr folgende Schichten:

0,00—10,00 m Kies mit Sand,
10,00—10,50 „ Schwimmsand,
10,50—12,00 „ feiner Kies,

```
12,00—13,00 m Schwimmsand,
13,00—15,00 ,, Sand mit Lehm,
15,00—16,50 ,, Geröll mit Lehm,
16,50—17,00 ,, feiner Sand,
17,00—18,30 ,, fester Kies,
18,30—19,00 ,, fester, grober Kies,
19,00—20,00 ,, toniger Kies,
20,00—22,30 ,, fester, toniger Kies,
22,30—24,50 ,, schwarzbrauner Ton,
24,50—24,60 ,, L i g n i t ,
24,60—25,00 ,, M o o r k o h l e ,
25,00—25,40 ,, L i g n i t ,
25,40—25,60 ,, grauer Ton,
25,60—25,70 ,, L i g n i t ,
25,70—25,90 ,, grauer Ton,
25,90—26,15 ,, M o o r k o h l e ,
26,15—26,40 ,, grauer Ton,
26,40—26,90 ,, L i g n i t ,
26,90—27,90 ,, schwarzbrauner Ton,
27,90—28,20 ,, grauer Ton,
28,20—30,40 ,, L i g n i t ,
30,40—30,80 ,, schwarzbrauner Ton,
30,80—31,15 ,, L i g n i t ,
31,15—33,50 ,, grauer Ton,
33,50—34,10 ,, grüner, sandiger Ton,
34,10—34,50 ,, grober, grüner Sand,
34,50—34,90 ,, dunkler, grauer Ton,
34,90—36,50 ,, hellgrauer, toniger Sand.
```

Die diluviale Überdeckung, die wir im Schacht mit etwa 20 m Mächtigkeit annehmen können, reicht hinauf bis zur Höhe der Staatsstraße Passau-Tittling. Der Höhenunterschied zwischen der Straße bei den Häusern von Jägerreuth und dem Schachtansatzpunkt beträgt etwa 40 m, so daß sich für das Diluvium hier eine Gesamtmächtigkeit von etwa 60 m ergibt.

In der nördlich von Passau-Ilzstadt von der Freyunger Straße durchschnittenen großen Quartärinsel befindet sich das 1918 verliehene Feld der Braunkohlenmutung „Franzenszeche I". Die Kohle wurde bisher dort nur durch Bohrungen im Burgholz nachgewiesen. Bei einer Bohrung wurde unter sandig-toniger Überlagerung trockene lignitische Braunkohle angefahren in der Tiefe von 31,5—32,2 m, hierauf folgten 0,12 m sandiger Ton mit Kohlenspuren und 0,4 m brauner, kohliger Sand. Das Hangende der Kohle besteht aus Ton, das Liegende aus Sand. Weitere Bohrungen ergaben ebenfalls das Vorhandensein der Kohle, die in mehreren schwachen, durch tonige Zwischenlagen getrennten Flözchen zwischen 20 und 25 m Tiefe durchfahren wurde. Bei einer dieser Bohrungen wurde die Kohle zwischen 28 und 31 m durch ein 40 cm starkes Tonmittel getrennt, angetroffen.

D. Braunkohlenvorkommen in Unterfranken.

1. Braunkohlengrube Gustav bei Dettingen a. M.

Nach eigenen Beobachtungen und den Ermittelungen des † Bergbaubeflissenen Ernst Kolb, zusammengestellt vom Landesgeologen Dr. Matthäus Schuster.

Nordwestlich von Aschaffenburg, innerhalb einer alten Schlinge des die Grenze gegen Hessen bildenden Mainflusses und nahe der preußischen Grenze, liegt zwischen den Dörfern Groß-Welzheim und Kahl das Braunkohlenfeld der Gewerkschaft „Gustav". Von den beiden Orten ist die Grube etwa zwei Kilometer entfernt. Das Vorkommen von Braunkohle in der dortigen Gegend ist seit hundert Jahren bekannt; sie soll in der Sohle des Mains anstehen. Der Abbau der Kohle ist seit 1902 im Gange.

Das Braunkohlenlager ist jungtertiären (oberpliozänen) Tonschichten eingeschaltet, die unter einer stellenweise mächtigen Decke diluvialer Sande und Kiese im Becken von Kahl-Alzenau-Dettingen und Klein-Ostheim und jenseits des Mains, im Hessischen, eine ziemliche Verbreitung haben. Da das Gelände, auf welchem sich der Grubenbetrieb und die Werkanlagen befinden, nur ein paar Meter über den Spiegel des Mains sich erhebt, reicht der Abbau der Kohle tief unter diesen hinab.

Was die Lagerungsverhältnisse der Kohle anlangt, so handelt es sich um Ausfüllungen von Wannen oder Becken durch erdige Braunkohle mit reichlichen Lignitbeimengungen (vgl. Querschnitt auf S. 34). Die Ausdehnung der Braunkohlenwannen wurde durch Bohrungen mit Sicherheit festgestellt. Man kennt (vgl. die Karte!) drei solcher Wannen. Das Kohlenflöz der südwestlichsten Wanne baut jenseits des Mains die hessische Grube „Amalie" ab; die mittlere Kohlenwanne ist gegenwärtig Gegenstand des Abbaues der Gewerkschaft „Gustav"; sie zieht sich in einer Erstreckung von über zwei Kilometern und einigen hundert Metern Breite von der Einmündung der Kahl in den Main südwärts ; eine weitere unmittelbar bei Kahl liegende und mit dem Felde der Grube „Gustav" zusammenhängende Kohlenwanne wird soeben von der Gewerkschaft „Gustav" erschlossen.

Die Gestalt der drei Kohlenwannen erinnert in ihrer eigenartig gekrümmten Form an Altwasserarme. Dagegen spricht aber der Mangel jeglicher gröberer, kiesiger oder sandiger Flußabsätze am Grunde der Becken.

Durch die zahlreichen Bohrungen und die großartigen Tagaufschlüsse (vgl. Bild 22 u. 23) ist eine genaue Kenntnis der Mächtigkeit der Kohle und deren stofflicher Zusammensetzung erreicht worden. Die Mächtigkeit ist wegen der Art der Lagerung naturgemäß in der Mitte der Wannen am größten und nimmt nach den Rändern zu mehr oder minder stark ab. Im Durchschnitt beträgt sie etwa 12 m.

Fig. 1. **Lageplan.**

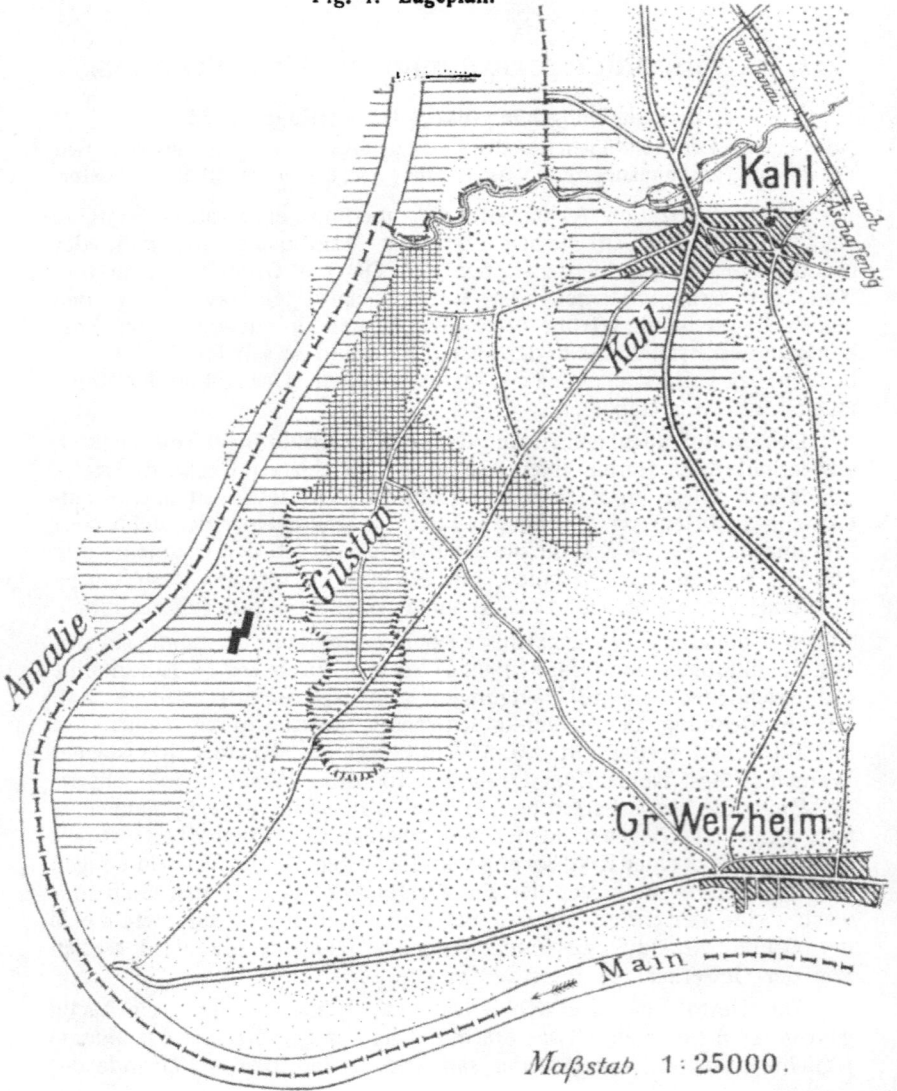

Maßstab 1 : 25000.

Gez. Dr. Schuster.

Die Hauptmasse der Kohle wird von gemeiner Braunkohle und von Lignit gebildet, untergeordnet finden sich Einlagerungen von Schwelkohle, noch geringer und ohne praktische Bedeutung sind die Mengen von Sapropelkohle, Holzkohle, Bastkohle und von Dopplerit.

Die gemeine Braunkohle.

Die gemeine Braunkohle ist von feinerdiger Beschaffenheit und im grubenfeuchten Anbruch von bräunlicher Farbe, die an der Luft nachdunkelt. Sie läßt sich nur relativ schwer auseinander brechen und zwischen den Fingern zerreiben. Der Bruch ist uneben und ohne Glanz. Sie löst sich nach den Schichtflächen leichter ab als nach den anderen Richtungen, ohne aber eine deutliche Spaltbarkeit zu zeigen. In der Hauptsache besteht sie aus Blattresten, sog. „Häcksel", vorwiegend von pinusartigen Gewächsen.

Beim Abbau fällt die gemeine Braunkohle in faustgroßen Stücken.

Der Lignit.

Außerordentlich reich ist die Braunkohle von Schichten von Lignit durchsetzt, die, an den freien Kohlenwänden leicht herauswitternd, von Ferne die deutliche Schichtung der Lager bewirken. In der oberen Hälfte des Lagers häufiger, sind sie in der unteren nur stellenweise angereichert (vgl. den Durchschnitt auf S. 34). Die leicht angebräunten, beim flüchtigen Anblick an rezentes Holz erinnernden Lignitstücke treten auf in Gestalt von bis meterdicken, zersplitterten Stammresten bis zu einer Länge von ein paar Metern, die wagrecht liegen. Seltener sind verlagerte Wurzelstöcke mit abgerissenen Stammresten und reichlichen Wurzeln, reichlicher hinwieder sind Astzapfen, die den Übergang von Ast zum Stamm bilden. Die Zersplitterung und die häufige strickartige Drehung, die Flachpressung von Stämmen, Ästen und Wurzeln sind höchst auffällige Merkmale. Eingestreut finden sich Fruchtzapfen, die mit den Holzresten auf Koniferen hinweisen (Pinus Cortesii seit langem bekannt).

Die Schwelkohle.

Die untergeordnet anfallende Schwelkohle ist dicht, nicht erdig, und läßt sich leicht mit der Hand zerreiben. Grubenfeucht angebrochen ist sie bei mattem und unebenem Bruch hellbraungrau, an der Luft nimmt sie eine gelbbraune Farbe an. Beim Streichen mit dem Fingernagel erhält sie — im Gegensatz zur gemeinen Braunkohle — Glanz. Unterm Mikroskop besteht sie aus mehr oder minder angehäuften Pollenkörnern von Pinus, Picea, Betula, Alnus und von Ericaceen. Die Schwelkohle erinnert äußerlich stark an einen rezenten Torf, besonders an den sog. Fimmenit, der unter dem Vulgärnamen „heller Leichttorf" in Oldenburg als geschätztes Brennmaterial gewonnen wird. Lignit findet sich in der Schwelkohle sehr selten. Bei der Gewinnung mit der Keilhaue fällt die Schwelkohle nur in kleinen Stücken. Ihr Wassergehalt beträgt 6%, der Heizwert 5800 Kal.

Die Kohlenablagerungen sind fast frei von schädlichen Schwefelkies-
beimengungen, die sich nur in geringer Menge in der Nähe der Liegend-
grenze vorfinden.

Die Liegendschichten des Kohlenlagers.

Das unmittelbare Liegende des Lagers wird bei den meisten Bohrungen von einem dunkel- bis hellblauen, mehr oder weniger sandigen,
ungeschichteten und kalkfreien Ton gebildet, in welchem — in der
Nähe des Ausgehenden — oft noch bunte, rote und grüne Tone nester-
weise eingelagert sind. Irgendwelche pflanzliche Reste wurden nicht
vorgefunden.

Dieser Ton wird unterlagert von weißen, sehr wasserreichen, fein-
körnigen und tonigen Sandschichten mit schmalen Toneinschaltungen.
In der Tiefe von 55—60 m bildet eine 20—25 cm mächtige Tonbank
den Abschluß gegen Schwimmsandschichten mit hohem hydrostatischem
Druck.

Die Hangendschichten des Lagers.

Das Hangende der Kohle wird vielfach unmittelbar von den diluvialen Ablagerungen des Mains (Mittelterrasse) gebildet, die in der
Tiefe aus Buntsandsteingeröllen aller Größen bis zu $\frac{1}{2}$ cbm Inhalt bestehen und nach oben zu mehr und mehr geröllfrei, sandig und lehmig
werden. Die Mächtigkeit kann bis zu 35 m betragen. Stellenweise finden
sich in diesen Ablagerungen aus Buntsandsteinmaterial Einschwemmungen von hellen, kristallinischen Gesteinen, Gneis und Glimmer-
schiefer, denen nur wenig Buntsandsteinmaterial beigemengt ist, und
die von Bächen aus dem nahen Urgebirge des Spessarts stammen.

Die Auflagerungsfläche der Schotter und Sande ist eine Erosions-
fläche (vgl. den Durchschnitt auf S. 34).

Die Zwischenmittel.

Das Braunkohlenlager wird in verschiedenen Tiefen von sandig-
tonigen Zwischenmitteln durchzogen, von denen eines in der Nähe der
Obergrenze der Kohle zu besonderer Bedeutung gelangt (*g* und *g'* des
Durchschnittes). Dies Zwischenmittel bildet etwa 2 m unterhalb der
Obergrenze des Lagers einen zwar unterbrochenen, jedoch leicht ver-
folgbaren Horizont, der die Ablagerung in ein oberes schmales und
unteres Hauptlager teilt und zu einem getrennten Abbau beider Lager
zwingt.

Das Auftreten dieser Zwischenlage bedeutet eine Unterbrechung in
der bisherigen Bildung des Braunkohlenlagers, denn seine stellenweise
Verschwächung ist keine Erscheinung unregelmäßigen Absatzes, sondern
einer erlittenen kräftigen Erosion. Damit steht in Einklang, daß sich
darin an der Obergrenze reichliche und starke Wurzeln einstellen, die
gelegentlich zu Wurzelstöcken der über dem Zwischenmittel folgenden
Kohle gehören, vielfach aber in keinem Zusammenhang mit dieser
stehen.

War sonach, wie die deutliche Schichtung der Lignitreste schon äußerlich sagt, der Absatz der Braunkohle in einem Gewässer erfolgt, so trat nach Absatz dieser Zwischenlage eine Trockenlegung des Beckens ein, die eine starke Vegetationsentwicklung auf der zum Land gewordenen Zwischenlage ermöglichte. Es bildete sich das obere Kohlenlager, das aufs neue dort, wo die diluviale Erosion nicht bis zur Kohlenlage reichte, eine Decke von Ton- und Sandabsätzen bis zu fast fünf Metern Mächtigkeit trägt, wiederum mit Wurzeln durchzogen, ein Zeichen, daß nach der Bildung des oberen Lagers der Wechsel von Überflutung und Trockenlegung neuerdings einsetzte. Auch diese höheren Tone und Sande (a, b, c, d, e und f im Durchschnitt) sind noch als Zwischenmittel zu bezeichnen, denn über ihnen wurde, in Verbindung mit den Wurzeln (s. Querschnitt) eine weitere über ein und einen halben Meter mächtige Kohlenlage örtlich, wo sie nicht von den diluvialen Absätzen zerstört worden war, festgestellt.

Eine etwaige weitere Schichtfolge wird von dem Diluvium abgeschnitten. Für die Beurteilung der sandig-tonigen Schichtabsätze ist wichtig, daß sie fossilleer und kalkfrei sind. Dieser letzteren Eigenschaft zufolge unterscheiden sie sich wesentlich von den miozänen Absätzen der Aschaffenburg-Frankfurter Gegend, die mehr oder minder reichlich Kalk führen.

Die Entstehungsart des Braunkohlenlagers.

Das tertiäre Becken von Alzenau-Kahl-Großwelzheim-Seligenstadt in Hessen-Kleinostheim stellt eine in das Grundgebirge des Spessarts eingreifende seichte bzw. verlandete Bucht eines oberoligozänen Binnensees dar, in welchem der Absatz von Tonen und — in einzelnen Teilbecken — Anhäufungen und Anschwemmungen von pflanzlichen Überresten aus einer reich bewaldeten Umgebung in ruhiger Weise vor sich ging, nicht unterbrochen durch stürmische Flutwirkungen mit Schutt- und Geröllablagerungen.

Es kann die Frage aufgeworfen werden, welche Gründe für einen schichtweisen Absatz der Braunkohle in Wasserbecken anzuführen sind, und ob nicht Anzeichen für eine ortsständige (autochtone) Entstehung der Ablagerung sich finden lassen.

Die Anhäufung der Kohlensubstanz in abgegrenzten Wannen, die ausgezeichnete Schichtung der Lignitlagen, das Chaos in ihrer Zusammenlagerung, wobei die flachgedrückten Holzstücke stets wagrecht liegen, der Mangel an ortsständigen Wurzelstöcken und an quer durch die Schichtung gehenden Holzstücken, die ausgezeichnete konkordante Wechsellagerung von Lignit und Braunkohlen, ferner die linsenartigen, durch Einschwemmungen entstandenen sandig-tonigen Einlagerungen und endlich die konkordante wagrechte Überlagerung der Kohle mit den gleichen Sanden und Tonen, die sich in Linsenform innerhalb der Kohlenablagerung finden, — all das deutet mit Sicherheit darauf hin, daß das Kohlenlager im wesentlichen zusammengeschwemmt, also allochton ist.

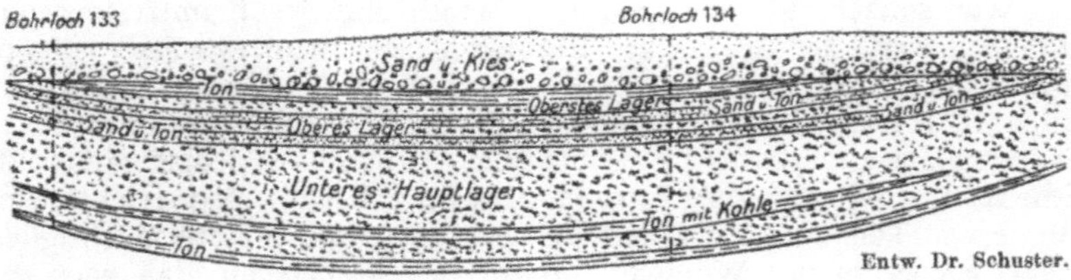

Entw. Dr. Schuster.

Fig. 2.
Querschnitt durch das Braunkohlenlager in der Richtung West-Ost (nicht maßstäblich).

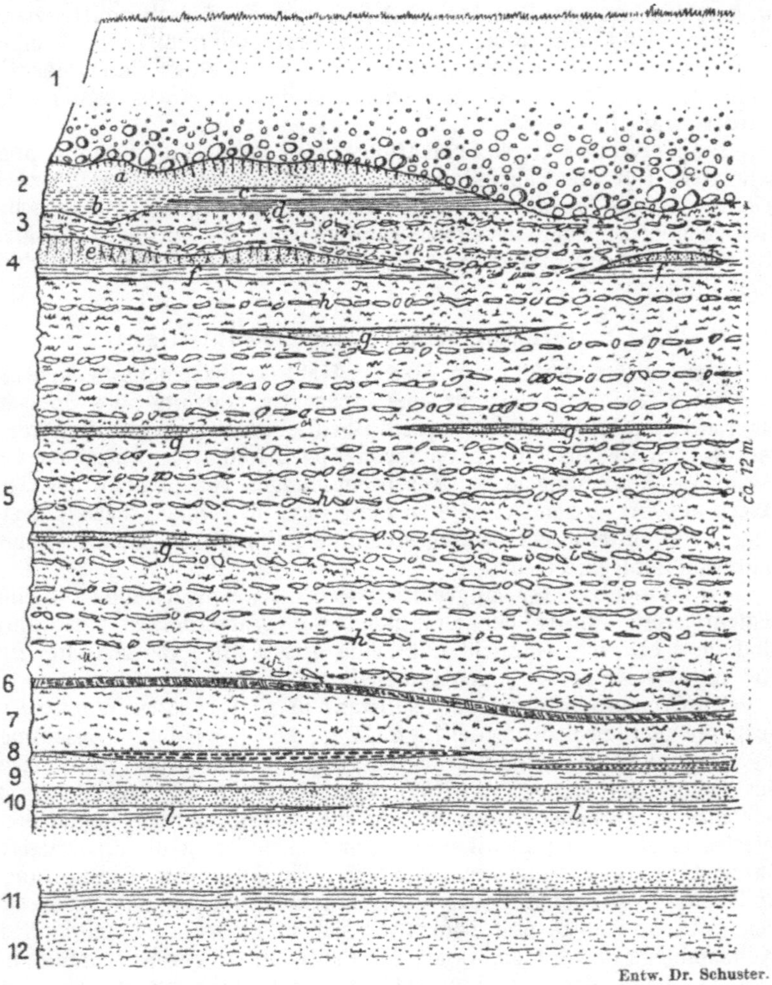

Entw. Dr. Schuster.

Fig. 3.
Nicht maßstäblicher Durchschnitt durch das Braunkohlenlager.

Hierbei ist aber keineswegs ausgeschlossen, daß zu Zeiten das zusammengeschwemmte Lager infolge Wasserrückzugs oder großer Trockenheit zu Moorgelände wurde, worauf manche aus regellos durcheinander gewachsenen Pflanzenteilchen bestehenden, im ganzen seltenen Braunkohlenlagen hindeuten mögen. (Die aus zusammengehäuften Pollenkörnern bestehenden Schwelkohlenlagen sind trotz ihres torfähnlichen Aussehens sicher allochton.)

Autochtoner Entstehung mag zum Teil auch die obere Kohle (3 im Durchschnitt S. 34) sein; hier wurden von Kolb auf eine Strecke von 50 m fünf Wurzelstöcke von großen Bäumen, aber ohne Stümpfe gezählt, die teils in dem liegenden Zwischenmittel (g) verankert waren, teils, wo dieses fehlte, ihre Wurzeln in das tiefere Hauptlager der Kohle sendeten. An anderen Stellen nun ist aber hingegen deutlich zu sehen, daß die Wurzeln im sandigen Zwischenmittel keine Fortsetzung in die Kohle darüber haben, sie werden von dieser glatt abgeschnitten. Die Braunkohle des oberen Lagers ist kompakt, schichtungslos, reich mit wirr gelagerten Lignitresten durchmengt und angeblich von geringerer Qualität. Es hat den Anschein, als ob das obere Lager die Stelle eines früheren autochtonen und bis auf wenige Reste durch Erosion entfernten Kohlenlagers einnimmt.

Autochtone Kohlenlagen treten demnach gegenüber den allochtonen sehr zurück (Kolb schätzt das Verhältnis beider wie 1 : 6) und finden sich vorzugsweise in den Hangendpartien des Lagers angedeutet.

Zur Diluvialzeit wurde das Seebecken zum Bette des Vorläufers des heutigen Mains, die tertiären Absätze wurden bis auf den jetzigen Bestand von den Fluten zu welligen Oberflächen, stellenweise bis zum oberen Kohlenlager erodiert und hierauf durch Geröll und Sand in großer Mächtigkeit (bis über 30 m) zugedeckt. Heute macht das Becken den Eindruck eines großen Mündungstrichters der Kahl, die bei Alzenau aus dem Grundgebirge heraustritt und deren jüngere, meist sandige Anschwemmungen mit zur Ablenkung des Mains nach Südwesten (Schlinge von Groß-Welzheim-Kahl) beigetragen haben.

In dem sehr groben Kies der diluvialen Absätze wurde bei Seligenstadt Mammutzähne vorgefunden.

Die Natur der Kohlenabsätze als Anschwemmungen in einer stillen Bucht, im ganzen nicht als Überreste ortsständiger Wälder, bringt ihr Auftreten in einzelnen Nestern oder wannenartigen Ansammlungen mit sich, die, wie es in der Grube „Gustav" und in dem Querschnitt S. 34 ersichtlich ist, sich ziemlich rasch nach dem Wannenrande zu verschmälerten. Unter der diluvialen Decke der Beobachtung entzogen, war ihr Nachweis nur auf Grund von Bohrungen möglich, die bei Alzenau, Kahl und Kleinostheim Mächtigkeiten von mehreren Metern ergeben haben. So stellt das Becken von Alzenau eine Kohlenablagerungsbucht von nicht geringer Bedeutung dar.

3*

Zu Fig. 3.

Durchschnitt durch die Schichtenfolge der Braunkohlengrube „Gustav" bei Kahl.

(Zusammengestellt nach den Bohrresultaten, nach den Aufschlüssen über Tag und nach den Ermittelungen des † Bergbaubeflissenen Ernst Kolb.)

1 = Diluvialer Lehm, Sand und zu unterst zum Teil sehr grober Schotter aus Buntsandsteinblöcken bis ½ cbm Inhalt. Stellenweise Einlagerungen von Bachschutt aus dem nahen Urgebirge. Das Ganze diskordant auf der Unterlage aufruhend.

2 = Oberpliozäne, weiße, muskovitreiche, feine Sande (*a*), rosafarbige bis violettbraune Tone (*b*), grauer bis weißer Ton (*c*), 10—20 cm mächtiger, brauner, kohlenstoffhaltiger, sich weißbrennender Ton (*d*), Schicht *a* in Bacheinschnitten und Strudellöchern das Kohlenflöz *3* überlagernd. Sämtliche Schichten sind kalkfrei und fossilleer. Die Schicht *a* führt ziemlich dünne senkrechte Wurzeln, Schicht *c* kräftige, 15—20 cm breite und 3 cm dicke, auseinander gerissene, flach lagernde Wurzeln. Die dazu gehörige hangende Kohlenbank ist meist erodiert, erscheint aber im Querschnittsprofil S. 34 als eine 1,45 m mächtige Kohlenlage, durch Bohrungen ermittelt.
Mächtigkeit von *2* = bis 4,70 m.

3 = Oberes erschlossenes, abbauwürdiges Braunkohlenflöz, 1,80 m mächtig, mit großen Wurzelstöcken und viel Lignitresten, auf einer Erosionsunterlage, häufig auf dem Hauptkohlenflöz aufruhend. (Obere Abbausohle. Das Flöz ist zum Teil autochthon (Wurzelstöcke), zum Teil allochthon (deutlich zusammengeschwemmter Lignit). Von schmalen Zwischenmitteln durchzogen.

4 = Bezeichnendes Zwischenmittel mit erodierter Oberfläche bis zur Hauptkohlenlage. *e* = 100 cm heller, feinkörniger Sand mit Wurzeln, *f* = 40 cm graugelber Ton. Stellenweise als schmale Linsen zwischen beiden Kohlenflözen auftretend.

5, 6 u. *7* = Hauptkohlenflöz, im Mittel etwa 12 m mächtig. Gemeine erdige Braunkohle, abwechselnd mit Lignitlagen (*h*), die in der oberen Hälfte besonders reich sind; in der unteren Hälfte (5—6 m) treten Lagen von 10—30 cm Schwelkohlen auf (z. B. *6*) und Braunkohlenschichten mit nur stellenweise stärker angereichertem Lignit (*h'* = 100 cm).

7 = 40—200 cm mächtige, holzige Braunkohle mit flachen Lignitstückchen, die eben auf dem Liegenden auflagern; einzelne sandige, tonige Zwischenmittel = *g*.

8 = 1—10 cm schwarzer Ton.

9 = Bläulicher, seltener grauer, sandiger, ungeschichteter Ton mit Einlagerungen von grünlichen und rötlichen Tonen (*i*) in der Nähe des Ausgehenden.

10 = weiße, sehr wasserreiche, feinkörnige, tonige Sandschichten mit schmalen Toneinschaltungen (*r*) bis zu einer Tiefe von 55—60 cm reichend.

i_1 = 20—25 cm starke Tonbank.
i_2 = Schwimmsandschichten mit sehr hohem Wasserdruck.

2. Die Braunkohlenvorkommen in der bayerischen hohen Rhön.

Vom Landesgeologen Dr. M. Schuster.

An der Nordgrenze Bayerns, im Gebiet der Langen Rhön, gelangen die braunkohlenführenden Schichten des oberen Miozäns stellenweise zu einer beträchtlichen Mächtigkeit, der freilich meist kein besonderer Reichtum an Braunkohlen zur Seite steht. Die Ablagerungen, in welche die Braunkohlenbildungen eingeschlossen sind, sind teils Süßwasserseebildungen, teils Basalttuffe. Die Braunkohlenbildungen dauerten demnach noch fort, als der ruhige Absatz der Schichten im tertiären Süßwassersee durch die vulkanischen Ereignisse bei der Basaltbildung unterbrochen wurde. Heute streichen die tertiären Absätze zumeist rings um die Lange Rhön unter einer mächtigen Basaltmasse aus, als ein mehr oder minder breiter Saum, der überaus stark von Basaltschutt überdeckt ist und meist nur in Steilhängen, Hohlwegen, durch gelegentliche tiefere Bodeneingriffe (Brunnenanlagen usw.) oder durch Erdbewegungen zum Vorschein kommt.

Beginnen wir mit dem Südende der Langen Rhön, so stoßen wir auf dem Bauersberg, ein paar Kilometer nördlich von Bischofsheim, auf Abbauversuche, die seit über 100 Jahren bis in die neueste Zeit sich erhalten haben. In den mächtigen, auf unebener Unterlage aufruhenden Sedimenten und Basalttuffen wurde in zwei Höhenlagen der Verbreitung von Braunkohlen nachgegangen. In tieferer Lage, etwa bei 580 m ü. d. M., wurden die seit 1818 begonnenen, stets wieder eingestellten Versuchsarbeiten neuerdings (Zeche Bischofsheim oder Bauersberg) in einer Stollenanlage, 250 m nordwestlich von dem nunmehr als Gasthaus dienenden alten Zechenhause an der Straße nach Bischofsheim, angefangen. Der 200 m lange, nach NO gerichtete Hauptstollen, die Nebenstrecken und eine zweite höhere Sohle stehen zumeist in einem schmutziggrauen tuffigen Gestein, in dem unbedeutende Schwarzerdeeinlagerungen, an- und abschwellend, sich vorfinden. An verschiedenen Stellen stieß man auf festen Basalt. Der neuerliche Abbauversuch bezweckte, in dem zwischen einem Basaltdurchbruch im Westen und Muschelkalk im Osten sackartig eingekeilten Tuff die früher erschlossenen Braunkohlenflöze wieder zu erreichen, von denen, fünf an der Zahl, die beiden unteren aus 1,5—3 und 1—1,5 m guter Braunkohle bestanden. Die oberen Flöze waren wegen ihrer mulmigen Beschaffenheit und ihrer schwachen Mächtigkeit nicht abbauwürdig gewesen. Die Zwischenmittel der Flöze bestanden aus grauen und schwarzen, sandigen, dünnen und alaunhaltigen Tonlagen, das Hangende war graugelber Ton. — Die tiefste, auf dem Muschelkalk aufruhende Lage bestand aus einem grüngrauen Ton mit Kalkgeröllen und Basalttuff und einem grünlichen Ton mit Blätterabdrücken, Früchten von Inglans und Kohlenspuren. Etwa 30 m aufwärts fanden in dem durch Hangbewegungen unruhigen Gelände ebenfalls Versuche zur Gewinnung der obengenannten Flöze statt[1]).

Rund 90 m höher ging früher der mit seinen rotgeflammten Halden noch heute weithin sichtbare, durch eine eigene breite Straße mit Bischofsheim verbundene Braunkohlenbergbau der Grube „Einigkeit" um, in 15 m mächtigen tonigen Schichten, die vom Basalt des Bauersberges in rd. 700 m Höhe überlagert werden. In dem seit einigen Jahren verlassenen Tagebau ist noch reichliche blättrige, bräunliche bis schwärzliche, mulmige oder holzige Kohle (mit Pechglanz im Querbruch) im Verein mit hellen bis (durch den Kontakt mit Basalt) ziegelrot gebrannten Tonen sichtbar. Früher waren dort (Gümbel, Geologie von Bayern, II, S. 676) folgende Ablagerungen entblößt:

Oben Basaltschutt und Lehm von wechselnder Mächtigkeit.

1. Basalttuff, stark zersetzt, mit Eisenockerschnüren und
Knollen von Gelbeisenstein, mit Blattabdrücken. . . . 3—3,50 m
2. Leberbrauner Schiefer und weißer, mergelähnlicher Tuff,
letzterer von wechselnder Mächtigkeit, zusammen . . . 0,80 m
3. Oberes Braunkohlenflöz, unten reich an Lignit . . . 3,83 „
4. Dunkelgrauer Ton, mit Blattabdrücken und Fruchtzapfen . . . . 0,22 „
5. Hellgrauer, von Braunkohlen durchzogener Tuff und
brauner Lettenschiefer mit Blattabdrücken . . . . . 0,92 „
6. Mittleres Braunkohlenflöz, gemeine und erdige Braunkohle . . . . 3,00 „
7. Heller Basalttuff, wellenförmig gelagert, oft verdrückt,
im Maximum . . . . 0,75 „
8. Unteres Flöz, gemeine Braunkohle, im Tagebau nicht bis
zur Basis meßbar, nach unterirdischen Aufschlüssen in
größerer Tiefe reich an Lignit und Pechkohle . . . . 3,66 „

Darunter folgten grünlichgraue bis schwarze Tone mit Pflanzenresten und ein Basaltgang. Die von Hassenkamp a. a. O. 1858 S. 199, angegebene Beschaffenheit der Kohle konnte in dem gegenwärtigen Zustand des Tagebaues nicht mehr bestätigt werden. Nach ihm bestand sie zum großen Teil aus holzförmiger Braunkohle, und zwar meist aus wirr gelagerten starken Stämmen von Kastanien, Buchen, immergrünen Eichen, Ulmen, Ahorn, Eschen, auch Weiden, Birken, Erlen und besonders Koniferen. Einzelne Stämme standen seinerzeit noch aufrecht, was für die Entstehung der Kohlenflöze aus einem Moor spricht, in und an welchem hohe Waldbäume wachsen konnten.

Die Kohlenablagerung wurde noch weiter nordwärts (in dem unruhigen Bergrutschgebiet der „Milchdelle") durch Bohrungen in

---

[1]) Hassenkamp. Über die Braunkohlenformation der Rhön. Verh. phys. med. Ges. Würzburg. XIII. 1858. S. 195. — Die Tertiärbildungen des Rhöngebirges. Würzburger natw. Zeitschrift I. 1861. S. 209—212.

Bücking. Erläuterung zum Blatt Sondheim der Preuß. geol. Karte 1 : 25000 S. 26—27. Geologischer Führer durch die Rhön. Berlin 1916, S. 70.

noch größerer Mächtigkeit angeblich nachgewiesen; endlich wurden die Flöze in älterer Zeit und auch neuerdings im „Weisbacher Stollen", südöstlich vom Tagebau, am Waldrand in Höhe 650 m, angetroffen und abzubauen versucht. Die gefundene Kohle war 3—14 m mächtig und fiel nach Nordosten ein. Der Stollen durchörterte zuerst einen Basaltgang, traf in 108 m Entfernung vom Mundloch auf ein Braunkohlenflöz und wurde weiter auf 160 m durch Basalt getrieben, unter welchem in 30 m Tiefe Kohle erbohrt wurde.

Auch am Ostrand der Langen Rhön wurde in den Tertiärschichten im Liegenden der Basaltdecke an verschiedenen Stellen Braunkohle erschürft (Bücking a. a. O. 1916 S. 72 ff.), ohne daß es aber zu nachhaltigem Abbau gekommen wäre[1]. So wurde im Dürrengraben (Höhwald), westlich von Roth, in den 70er Jahren unter Basaltgeröll und Basalttuff 1 m erdige, minderwertige Braunkohle gefunden. — Etwas mehr Bedeutung erreichte der teils unter-, teils oberirdische Braunkohlenabbau auf der Nordseite des Reigertsgrabens, ebenfalls westlich von Roth. Der Abbau ging auf drei Braunkohlenflözen von 0,20—1,10 m Mächtigkeit um, die durch 2 m mächtige Lagen von kieselgurartigem oder seekreideähnlichem Planorbis-Kalkschiefer getrennt waren, die nach unten in Basalttuff und plastischen Ton übergingen. Unter diesen Schichten folgten — nach Bohrergebnissen — nochmals drei Flöze von 25—100 cm Mächtigkeit, eingelagert in etwa 10 m mächtigen Absätzen von weißen Kalkschiefern und dunklen Tonen. Das Tiefste ist unterer Muschelkalk. Die Kohle ist teils erdige, teils lignitische, teils schieferige Pechkohle.

Braunkohlenführende Tertiärschichten von ähnlicher Beschaffenheit entblößt auch der Eisgraben westlich von Hausen bei Fladungen. In den fünfziger Jahren ging hier ein Bergbau auf ein Pechkohlenflöz von 1,5—5 m Mächtigkeit um, das durch den noch heute am Bachgrund bei 700 m Höhe sichtbaren Hermannstollen, in südsüdöstlicher Richtung 130 m lang durch Basalttuff und Basaltagglomerate getrieben, erschlossen worden war (Bücking a. a. O., S. 73—74). 1 km nordöstlich von diesem Vorkommen, westlich vom sog. Hexenküppel, war durch den sog. Antonstollen, in einer 80 m tieferen Lage als der Hermannstollen, ein 60 cm mächtiges Braunkohlenflöz erschürft, das zwischen einem gelblichen Ton oben und einem bis 1 m starken Kalkmergel mit vielen Süßwasserschnecken eingeschaltet war. Das weitere Liegende bildete bis zum Muschelkalk 50 m mächtiger Basalttuff.

Südwestlich von Rüdenschwinden, bei Fladungen, ist im gleichen geologischen Horizont stellenweise blättrige Braunkohle mit Lignit zwischen Basalttuffen und kohligen Süßwassermergeln aufgeschlossen.

---

[1] Gelegentlich wurden durch Naturereignisse die Tertiärschichten unter ihrem Schuttmantel entblößt. So brachte ein Bergrutsch über Ginolfs unter dem Basalt Lignitreste zum Vorschein; ebenso entblößte im Forstdistrikt »Erdfall« südlich vom Oberlauf des Reipertsgrabens bei Roth ein Bergsturz eine durch einen Tagebau erschlossene Moorkohle.

Das nördlichste bayerische Braunkohlenvorkommen am Ostabhang der Langen Rhön ist das im Totenwald zwischen Frankenheim und Leubach, bei Fladungen gelegene, wo erdige und lignitische Braunkohle mit sandig-tonigen Schichten und Basalttuffen wechsellagern.

Zu mächtigster Entwicklung gelangt ein Braunkohlenflöz auf der Westseite der Langen Rhön, im Lettengraben über Wüstensachsen. Die Braunkohle ist frisch tiefschwarz, glanzlos, steinigfest, wohl gebankt und muß örtlich gesprengt werden [1]. An der Luft zerfällt sie blättrig unter Hellerwerden. Der Aschengehalt beträgt 20—30%; Brikettierungsversuche sind angeblich günstig ausgefallen. Die Braunkohle ist zwischen Basalttuff eingelagert und erreicht streckenweise die beträchtliche Mächtigkeit von mindestens 15 m bei wagrechter Lagerung. Die an anderen Stellen der Abbausohle nachgewiesene erheblich größere Mächtigkeit der Kohle (25 m und mehr) ist eine scheinbare und durch eine nach Südosten erfolgende Steillagerung der Kohle bewirkt. Gelegentliche andere tektonische, nachbasaltische Störungen kommen vor. So schiebt sich an einer Stelle säulenartig und die Kohle zum Teil stark verdrückend, ein Basaltklotz in das Flöz, der umfahren werden konnte. Anzeichen, daß es sich um einen eruptiven Gang handeln könne, fehlen völlig.

Hinsichtlich der geologischen Lagerung des Braunkohlenflözes sei erwähnt, daß es offenbar nach anfänglicher wagrechter Ausbreitung steil unter die überlagernde Basaltdecke einschießt, eine Lagerungsart, die auch an anderen Stellen des braunkohlenführenden Rhöntertiärs beobachtet worden ist und vielleicht z. T. dem Druck der überlastenden Basaltmasse auf die verhältnismäßig weichen Tertiärschichten zugeschrieben werden kann. Anderseits mag die Grenzregion zwischen dem starren Basalt und dem nachgiebigeren Tertiär auch der Ort tektonischer Bewegungen gewesen sein, die die Ersprießlichkeit eines Abbaues entscheidend beeinflussen können.

E. Braunkohlenvorkommen im Alpenvorlande.

1. Die Braunkohle von Irsee und Umgebung.

Vom Regierungsgeologen Dr. Jos. Knauer.

Im Gebiete der Wertach, bei und nördlich von Irsee bis gegen Stockheim östlich von Wörishofen, wurden an verschiedenen Stellen Vorkommen von tertiären Braunkohlenflözen erschürft, welche alle den obermiozänen Schichten, dem Flinz, eingelagert sind und dem geologischen Alter nach der Sarmatischen Stufe angehören.

Die Art der Irseer Kohle beschreibt v. Ammon (Bayerische Braunkohlen und ihre Verwertung, München 1911, S. 21) treffend wie folgt: „Die Kohle nähert sich in ihrer Beschaffenheit etwas der oberbayerischen Pechkohle, ist jedoch schiefriger und weniger kompakt als diese, sie

---

[1] Gelegentlich stößt man auf lignitische Stammreste.

bricht in Platten; bei längerem Lagern machen sich in der Masse einzelne graue Tonschnüre bemerkbar."

Auf diese Kohlenvorkommen sind im ganzen folgende acht Gruben-felder verliehen worden:

1. Braunkohlengrube Friedrich-Wilhelmszeche 1, im Gebiet des Riedgrabens nördlich von Irsee. Hier hat sich schon vor längerer Zeit und neuerdings wieder ein Bergbau von geringem Umfange aufgetan, der es ermöglichte, das Vorkommen und die Lagerungsverhältnisse der Kohle genauer zu studieren. In dem in südsüdwestlicher Richtung ver-laufenden Stollen am südlichen Gehänge des Riedgrabens wurde folgen-des Schichtenprofil aufgenommen:

Hangendes: fetter grauer Mergel,

0,08—0,09 m	Kohle,
0,17—0,18 ,,	fetter, grauer Mergel,
0,20—0,21 ,,	Kohle,
0,17—0,18 ,,	dunkelgrauer Ton mit Kohlenschmitzen,
0,30 ,,	Kohle,
0,01—0,02 ,,	Mergel,
0,02 ,,	Kohle,
0,35 ,,	schwärzlicher Ton mit Kohlenschmitzen,
0,02—0,03 ,,	Kohle.

Liegendes: fetter, grauer Mergel.

Nach den Angaben der Häuer soll unter dem ca. 1,20 m starken liegenden grauen Mergel noch eine Bank von 0,10 m Kohle liegen. Ohne letztere finden sich hier also fünf Kohlenbänke von zusammen 0,72—0,75 m Mächtigkeit. An einer anderen Stelle, in einer etwa west-nordwestlich vorgetriebenen Strecke, ließen sich sieben Kohlenbänke mit insgesamt 0,72 m Kohle, wechsellagernd mit den gleichen Mergel- bzw. Tonschichten feststellen. v. Ammon gibt auf S. 21 als Durch-schnitt von 19 Profilen aus den früheren Aufschlüssen eine Gesamt-mächtigkeit von 0,67 m bei einer Mächtigkeit der flözführenden Partie von 1,4 m an, was mit obigen Beobachtungen übereinstimmt. Nach v. Ammon wurde durch eine über 100 m Teufe erreichende Tiefbohrung in etwa 50 m Tiefe noch ein 0,35 m starkes Kohlenflöz festgestellt. Die Kohlenbänke der oberen Flözgruppe sind in bezug auf ihre Mächtig-keit nicht konstant; sie schwellen lokal etwas an bzw. keilen verschiedent-lich aus. Im allgemeinen sind die Schichten horizontal gelagert; ein leichtes von v. Ammon angegebenes, etwa 1—2⁰ betragendes Ein-fallen gegen Nord dürfte richtig sein, obwohl lokal (im gegenwärtig im Betrieb befindlichen Stollen) ein schwaches südliches Einfallen der Schichten stattzuhaben scheint. Die Überlagerung des Flözes durch den hangenden Mergel wechselt von 0—8 m. Infolge dieser geringen Überlagerung sind die alten Grubenbaue alle zu Bruche gegangen und haben an der Oberfläche Verwüstungen angerichtet.

2. Braunkohlengrube Friedrich-Wilhelmzeche 2, südlich von Irsee. Am Fundpunkt wurden zwei Kohlenbänke festgestellt, deren untere 0,30—0,35 m mächtig ist, während die obere 0,25—0,30 m aufweist;

beide Bänke sind von einer 0,10—0,12 m starken Lettenschicht voneinander getrennt. Im Hangenden findet sich eine von Gerölle bedeckte,
0,5 m mächtige, gelbbraune Lettenschicht. Die Lagerung ist nahezu
horizontal.

3. Braunkohlengrube Friedrich-Wilhelmzeche 3, welche auf das
Vorkommen von einem 0,2 m mächtigen Kohlenflözchen östlich von
Irsee gegründet ist; das Hangende der 0,5 m unter der Oberfläche be-
findlichen Kohlenbank ist gelbgrauer Letten, das Liegende ist grauer
Letten; die Lagerung ist nahezu horizontal.

4. Braunkohlengrube Friedrich-Wilhelmzeche 4, südwestlich von
Irsee, woselbst unter einer 0,3 m mächtigen grauen Lettenschicht ein
Kohlenflöz von 0,3 m Stärke und annähernd horizontaler Lagerung
festgestellt ist.

5. Braunkohlengrube Friedrich-Wilhelmzeche 5, am Wertach-
hochufer westlich von Pforzen; es wurde dort ein Kohlenflöz von 0,15
bis 0,25 m Mächtigkeit, eingelagert in gelblich-grauen Letten, der das
Liegende und Hangende bildet, vorgefunden.

6. Braunkohlengrube Friedrich-Wilhelmzeche 6, bei der Hammerschmiede südwestlich von Pforzen, woselbst am südlichen Ufer des
Mühlbaches das Ausgehende eines ca. 0,20 m mächtigen Braunkohlenflözes festgestellt wurde, von Ton überlagert und unterteuft. Ferner
wurde durch eine spätere Bohrung ein ca. 0,40 m mächtiges Kohlenflöz in 15 m Tiefe und ein 0,60—0,70 m starkes Flöz in 26 m Tiefe gefunden; letzteres Flöz scheint dem im Tiefbohrloch der Friedrich-
Wilhelmzeche 1 festgestellten untersten Flöz zu entsprechen.

7. Braunkohlengrube Stockheim, unmittelbar an der Ortschaft
gleichen Namens östlich von Wörishofen gelegen. Am Fundpunkt wurde
ein 0,35 m mächtiges Braunkohlenflöz erschürft, dessen Hangendes
Kies bildete.

8. Braunkohlengrube Frankenhofen, am östlichen Ufer der Wertach.
Im Grunde einer alten, jetzt totgelegten Flußschlinge „am Gries"
der Wertach ist durch einen in jüngster Zeit aufgemachten Tagebau
die Kohle aufgeschlossen worden. Es findet sich hier eine Kohlenbank
von 0,25—0,40 m wechselnder Mächtigkeit, welche von schwärzlichem
Ton unterteuft wird, während das unmittelbar Hangende von blei-
grauem, glimmerhaltigem, sandigem Flinzton (ca. 0,5 m mächtig) gebildet
wird; über letzterem findet sich am Terrassenufer gelblicher, glimmer-
haltiger, feinkörniger, beweglicher Flinzsand von wechselnder Mächtigkeit. Über diesem liegt dann auf unebener, gewellter Fläche der
altalluviale Schotter der Wertach. Am Terrassensteilhang befindet
sich ein alter Stollen, welcher infolge des Hereinbrechens des Schotters
ungangbar geworden ist. Zu erwähnen ist, daß im Tagebau an einer
Stelle im Flöz ein schief in demselben und im Hangenden steckender,
fossiler, verkohlter Baumstamm gefunden wurde, welcher deutlich die
Holzstruktur erkennen läßt, im übrigen aber die pechkohlenartige
Beschaffenheit der anderen Flözpartien aufweist.

Die geologischen Verhältnisse und die Entstehung der Irseer Kohle.

Die Flöze finden sich, wie eingangs schon erwähnt, in den ober-miozänen, der sarmatischen Stufe des Tertiärs angehörenden, in Bayern Flinz genannten Schichten. Die Miozänschichten liegen im ganzen Bereich fast horizontal, sie zeigen nur ein ganz schwaches Einfallen gegen Nord, das wahrscheinlich nur lokal von ebenfalls schwachem Südfallen unterbrochen ist. Die Kohlenbänke der Gruben Friedrich Wilhelm zeche 1—5 gehören offenbar der gleichen Flözgruppe an, während die im Bohrloch der Friedrich-Wilhelmzeche 6 bei der Hammerschmiede erbohrten zwei Flöze tieferen Horizonten angehören. Es liegt die Vermutung nahe, daß die in den Gruben Stockheim und Frankenhofen erschürften Kohlenflöze im Horizont eines der vorerwähnten bei der Hammerschmiede erbohrten Flöze lägen oder gar die Fortsetzung derselben seien. Letzteres wäre möglich, ist aber nicht wahrscheinlich, denn die Aufschlüsse in der Grube Friedrich-Wilhelmzeche 1 zeigen, daß die Flöze in der horizontalen Verbreitung nicht konstant aushalten, sondern des öfteren auskeilen.

Die Irseer Kohle dürfte wahrscheinlich als ein Gemenge von Humuskohle und Sapropel-(Faulschlamm-)Kohle anzusehen sein, d. h. sie entstand in den weit verbreiteten miozänen Sümpfen aus dem Faulschlamm und den darin wuchernden oder eingeschwemmten Sumpf- und Landpflanzen. Bei nachfolgender Überflutung infolge langsamen säkularen Sinkens des Seebodens wurde die Sapropel- bzw. Sumpfpflanzenschicht von Mergel oder Tonschichten bedeckt und unter vollständigen Luftabschluß gebracht. Dieser Prozeß wiederholte sich des öfteren, wie die Kohleneinlagerungen in verschiedenen Horizonten beweisen.

Da Schlammsümpfe meist Bildungen lokaler Natur sind, haben ihre Ablagerungen auch nur beschränkte Verbreitung und keilen oft rasch aus; es ist daher auch nicht wahrscheinlich, und die Grubenaufschlüsse scheinen dies zu beweisen, daß die aus solchen Ablagerungen entstandenen Irseer Kohlen kilometerweit aushaltende Flöze bilden; es ist daher nicht anzunehmen, daß das Flöz von Frankenhofen-Stockheim bis zu dem ca. 10 km entfernten Flöz bei Pforzen aushält.

2. Die Schieferkohle von Imberg.

Vom Regierungsgeologen Dr. Jos. Knauer.

Die Kohlenablagerungen in der Umgebung von Imberg bei Sonthofen im Allgäu gehören zu den jüngsten Kohlenbildungen Südbayerns, nämlich zu den diluvialen Braunkohlen.

Das Vorkommen dieser Kohlen beschränkt sich auf eine sanft gegen den Retterschwanger Berggipfelzug ansteigende Terrassenfläche, welche unter dem Namen „Imberger Terrasse" bekannt ist und im Westen von der alluvialen Einsenkung der Iller, im Norden von derjenigen der Osterach begrenzt ist. In diese Hochfläche haben sich verschiedene Gebirgsbäche tief eingegraben und die Zusammensetzung der die Terrasse aufbauenden Schichten aufgeschlossen. Es sind folgende Tobel: 1. Der in der Richtung SO-NW fließende und in die Osterach mündende Löwenbach oder Imberger Tobel, auf dessen östlichen Hochufer Imberg selbst gelegen ist; in den Löwenbach mündet oberhalb Imberg der Kiendelsbach ein. 2. Der Schwarzenbach-Tobel, welcher westlich von Hofen in kurzem gewundenen Laufe sich in die Terrasse tief eingeschnitten hat und in westlicher Richtung zwischen Sonthofen und Altstädten in die Iller mündet. 3. Der Leybach-Tobel, welcher im allgemeinen in SO-NW-Richtung sich tief in die Terrasse eingesenkt hat, und bei Altstädten in die Alluvionen der Iller mündet. 4. Der Hinanger Bach, welcher nach gebogenem Laufe schließlich in west-südwestlicher Richtung bei Unterthalhofen in die Illerebene einmündet.

Das Braunkohlenvorkommen ist im Imberger Tobel schon seit dem 18. Jahrhundert bekannt und durch verschiedene Bergbauversuche, zuletzt im Jahre 1918, aufgeschlossen worden. Daß auch im Leybach-Tobel in annähernd gleicher Höhe wie im Imberger Tobel Kohlenablagerungen gefunden wurden, führte zur Annahme, daß es sich um ein durch die ganze Hochfläche ausgebreitetes Kohlenvorkommen handelte. In etwas tieferem Niveau wurde dann im Schwarzenbach-Tobel bei Hofen ebenfalls Schieferkohle gefunden.

Auf Grund dieser Vorkommen wurden in dem genannten Gebiete folgende Bergwerke verliehen:

1. Josephszeche 1,	3. Antonzeche,
2. Josephszeche 2,	4. Franziskazeche.

Zu Bergbaubetrieb kam es nur in den Grubenfeldern der Josephs- und Antonzeche im Gebiet des Imberger Tobels.

Die geologischen Verhältnisse und die Entstehung der Imberger Kohle.

Über die geologischen Verhältnisse und die Entstehung der Schieferkohle konnte auf Grund der darüber vorhandenen Literatur, der Grubenberichte, welche von der Betriebsleitung bereitwilligst zur Verfügung gestellt wurden, wofür auch hier bestens gedankt sei, und eigener Untersuchungen im Laufe des März 1921 Folgendes festgestellt werden:

Das Grundgebirge ist an der Stelle des Bergbaues nicht aufgeschlossen, besteht aber — wie aus verschiedenen Aufschlüssen oberhalb und unterhalb hervorgeht — aus Flysch-Schichten (siehe Figur 4). Auf dem Flysch liegt Grundmoräne, welche an der Spann- und Ladestation der Werks-Drahtseilbahn ungefähr 5—8 m mächtig sein dürfte. Über der Grundmoräne liegen ca. 5—7 m mächtige graubraune, stark mit feinsandigem Material durchsetzte Tonschichten, sog. Bänderton. Auf diesem Ton liegt eine 8—10 m mächtige Bank von geschichteter, zum Teil Übergußschichtung zeigender Nagelfluhe, deren Gerölle aus den Gesteinen der umgebenden Allgäuer Berge mit vereinzelt eingestreuten Urgebirgsgeröllen bestehen. Die Gerölle sind durch ein kalkig-sandiges Bindemittel zusammengebacken. Im Hangenden dieser Nagelfluhe folgt in ca. 940 m Seehöhe ein fetter grauer bis schwärzlicher Ton von ca. 3—5 m Mächtigkeit, in welchem sich ein Schieferkohlenflöz eingelagert findet. Das Flöz ist meist horizontal gelagert; es ist deutlich geschichtet und besteht aus einer Anzahl von Einzelschichten, welche durch Tonschichten von einander getrennt sind. In den Tonlagen finden sich verschiedentlich eingeschwemmte Pflanzen-

Fig. 4.

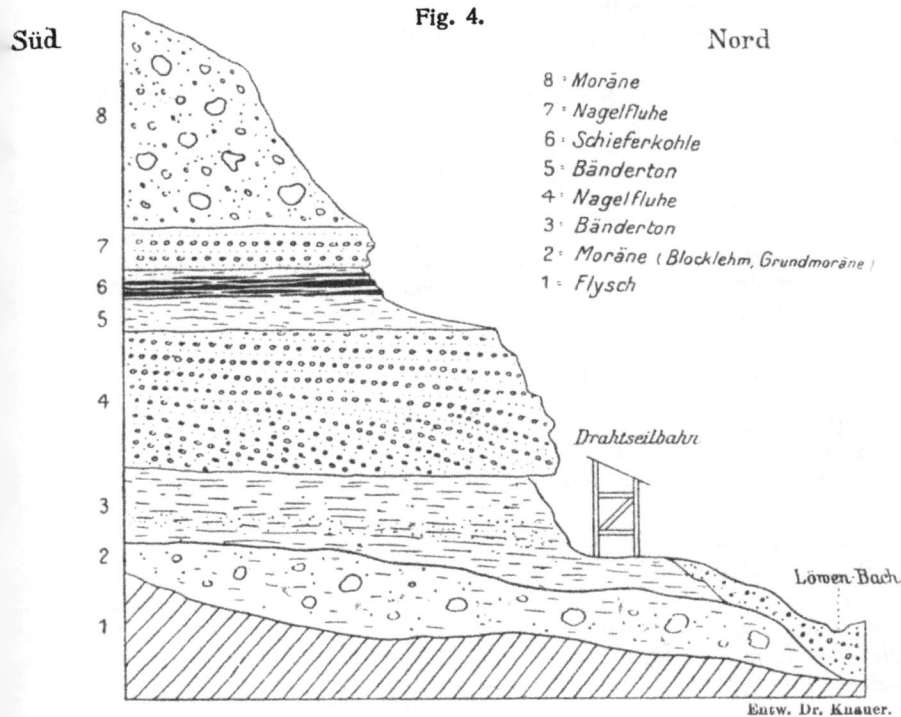

Süd — Nord

8 = Moräne
7 = Nagelfluhe
6 = Schieferkohle
5 = Bänderton
4 = Nagelfluhe
3 = Bänderton
2 = Moräne (Blocklehm, Grundmoräne)
1 = Flysch

Drahtseilbahn

Löwen-Bach

Entw. Dr. Knauer.

reste. Die Kohlelagen selbst bestehen aus einer oft durch tonige Beimengungen verunreinigten, mulmigen, teilweise lignitartigen, aufblätternden Braunkohle, in welcher lagenweise wirr gelagerte und plattgedrückte Wurzeln, Stammteile und Zweige von Koniferen und Laubhölzern vorkommen. Die Mächtigkeit der einzelnen Kohlenlagen beträgt einige Zentimeter bis zu mehreren Dezimetern; die größte Mächtigkeit von 1 m wurde nach Angabe der Grubenberichte in der Josephszeche am Luftschacht gefunden. Die Kohlenlagen sind, was ihre horizontale Ausbreitung betrifft, wenig beständig. Es ist daher unmöglich, ein Normalprofil durch das ganze Flöz zu geben. Einige aus den Grubenberichten entnommene Stollenprofile, welche durch Bohrungen im Liegenden und Hangenden vervollständigt sind, erweisen trefflich den raschen Wechsel in der Mächtigkeit und Ausdehnung der einzelnen Kohlenlagen.

Profil a).

Hangendes: Nagelfluhe,	0,16 m Ton,
1,50 m Ton,	0,05 ,, Kohle,
0,20 ,, Kohle,	0,02 ,, Ton,
0,45 ,, Ton,	0,33 ,, Kohle,
0,08 ,, Ton,	0,60 ,, Ton.
0,10 ,, Kohle,	Liegendes: Nagelfluhe.

Die Mächtigkeit des gesamten, Ton und Kohle umfassenden Flözes beträgt hier 3,04 m; die Gesamtmächtigkeit der Kohle 0,68 m; die stärkste Kohlenschicht weist hier 0,33 m Mächtigkeit auf. Dieses Profil ist in 38 m Entfernung vom Eingang des in süd-südöstlicher Richtung vorgetriebenen Albertstollens der Antonzeche, also auf dem südlichen Ufer des Imberger Tobels festgestellt worden.

Rund 205 m in nord-nordöstlicher Richtung von der eben beschriebenen Stelle entfernt, wurde in dem in nord-nordöstlicher Richtung vorgetriebenen Hauptstollen der Josephszeche, also am nördlichen Ufer des Imberger Tobels, 50 m vom Stolleneingang entfernt, folgendes Profil festgestellt:

Profil b).

Hangendes: Nagelfluhe,	0,02 m Ton,
0,80 m Ton,	0,50 ,, Kohle,
0,37 ,, Kohle,	0,14 ,, Ton,
0,27 ,, Ton,	0,06 ,, Kohle,
0,28 ,, Kohle, mit Ton vermischt,	0,20 ,, Ton mit Kohle,
0,18 ,, Kohle,	0,29 ,, Kohle mit Ton,
0,30 ,, Ton mit Kohle,	1,90 ,, Ton.
0,20 ,, Kohle (rein),	Liegendes: ?

Die aufgeschlossene Mächtigkeit von Ton und Kohle beträgt hier 5,51 m; es ist aber zu beachten, daß der Ton im Liegenden nicht bis auf die Nagelfluhe durchteuft wurde. Die Gesamtmächtigkeit der Kohle beträgt hier 0,94 m; die stärkste Kohlenschicht ist 0,50 m stark.

In dem in nordöstlicher Richtung vom alten Josephstollen vorgetriebenen Querschlag wurde folgendes Profil aufgenommen:

Profil c).

Hangendes: ? Ton,	0,05 m Kohle,
0,40 m Ton,	0,02 ,, Ton,
0,14 ,, Kohle,	0,08 ,, Kohle,
0,04 ,, Ton,	0,15 ,, Ton,
0,16 ,, Kohle,	0,02 ,, Kohle,
0,50 ,, Ton,	0,22 ,, Ton,
0,25 ,, Kohle,	0,15 ,, Kohle,
0,70 ,, Ton, mit Sand vermischt,	0,06 ,, Ton,
0,05 ,, Kohle,	1,00 ,, grauer, kohlenartiger,
0,06 ,, Ton,	mit Sand vermischter Ton,
0,02 ,, Kohle,	1,00 m hellgrauer Ton.
0,05 ,, Ton,	Liegendes: ? Ton.

Der Punkt dieses Profils liegt nur rd. 45 m in östlicher Richtung von dem vorhergehenden Profil b) entfernt. Die Mächtigkeit des Gesamtflözes — soweit erschlossen — beträgt 5,42 m, die Mächtigkeit der Kohle 1,08 m, die stärkste Kohlenschicht ist 0,25 m mächtig. Es zeigt sich also, daß die einzelnen Kohle- und Tonschichten innerhalb ganz kurzer Entfernung einem überaus starken Mächtigkeitswechsel unterworfen sind, so daß eine Identifizierung etwa gleichalteriger, zusammengehöriger Lagen der verschiedenen Profile nicht möglich ist.

Am 2. Querschlag, links im Hauptstollen, rd. 110 m nord-nord-östlich von Punkt b), fand sich folgendes Profil:

Profil d).

Hangendes:	? Letten,		0,02 m	Kohle,
	1,25 m	Letten,	0,50 ,,	Ton,
	0,65 ,,	Kohle,	0,25 ,,	Kohle,
	0,25 ,,	Letten,	0,26 ,,	Ton,
	0,02 ,,	Kohle,	0,10 ,,	Kohle,
	0,06 ,,	Ton,	0,75 ,,	Ton,
	0,04 ,,	Kohle,	0,30 ,,	Ton.
	0,08 ,,	Ton,	Liegendes:	Nagelfluhe.

Das Gesamtflöz ist hier mit 4,53 m erschlossen, darin 1,08 m Kohle; die stärkste Kohlenschicht hat 0,65 m.

In westlicher Richtung nehmen die Kohleneinlagerungen sehr rasch an Mächtigkeit ab; so fanden sich am westlichen Ende des 2. Querschlages links, rd. 35 m vom Profil d) entfernt, nur noch insgesamt 3—4 cm Kohle, alles andere war Ton. Ebenso ist es im 1. Querschlag links, am früheren Sprengstoffmagazin, in welchem schon in rd. 20 m Entfernung vom Hauptstollen jegliche Kohle verschwunden und nur noch Ton vorhanden war. Aber auch gegen Norden zu ist ein rasches Auskeilen der Kohle festgestellt; es fanden sich am nördlichen Ende des Hauptstollens (ca. 250 m vom Stollenmund) nur mehr rd. 25 cm Kohle, welche hier plötzlich an wahrscheinlich mit 50—60° gegen Nord fallender Nagelfluhe abstieß; die gleiche Erscheinung wurde am Ende des 2. Querschlages links beobachtet; dort endigte das Tonflöz ebenfalls plötzlich an geneigt gelagerter Nagelfluhe. Im östlichen und südöstlichen Teil des Grubenfeldes nimmt der Ton im Liegenden der Kohle rasch ab; so findet sich im 3. Querschlag rechts (an der Parallelstrecke) nur mehr 0,17 m Ton zwischen Kohle und der liegenden Nagelfluhe. Im südöstlichen, abgebauten, nunmehr zu Bruch gegangenen Teil des Grubenfeldes lag das Flöz nicht mehr horizontal, sondern stieg gegen Nordosten in zunehmendem Maße an; diese schräg geneigte Lagerung begünstigte natürlich das im Frühjahr 1919 einsetzende Abreißen des ganzen Hangstückes im ungefähren Ausmaße des abgebauten alten Grubenfeldes und das später erfolgte katastrophale Abgleiten des unteren Teiles desselben, was die Zerstörung der Werkbrücke und das zeitweise Anstauen des Löwenbaches zur Folge hatte. Über die weitere Ausdehnung und das weitere Verhalten des Flözes gegen Osten ist nichts bekannt; aller Wahrscheinlichkeit nach dürfte die Ausdehnung in dieser Richtung nicht erheblich sein.

Über das Verhalten des Flözes in der Richtung gegen Süden läßt sich ein Abnehmen der Kohlenmächtigkeit feststellen; im Kiendelbach wurde nämlich in einem Schurfe folgendes Profil aufgenommen:

Hangendes:	?	0,10 m Kohle,
0,50 m	gelber Sand,	0,18 ,, Ton,
0,80 ,,	Ton,	0,18 ,, Kohle,
0,10 ,,	Kohle,	0,15 ,, Ton,
0,05 ,,	Ton,	0,20 ,, Kohle,
0,02 ,,	Kohle,	0,20 ,, Ton,
0,10 ,,	Ton,	1,50 ,, grauer Ton,
0,03 ,,	Kohle,	0,10 ,, gelber Sand.
0,92 ,,	Ton,	Liegendes: Nagelfluhe.

Die Mächtigkeit des Kohlen-Ton-Flözes ist mit 4,53 m erschlossen, darunter sind 0,63 m Kohle; die stärkste Kohlenlage hat eine Mächtigkeit von 0,20 m.

Aus allen angeführten Profilen ist ersichtlich, daß die Mächtigkeit der einzelnen Kohlenschichten durchaus eine sehr wechselnde und wenig aushaltende ist, ferner, daß die größte Flözmächtigkeit sich im Gebiet der alten Josephszeche findet und anscheinend nach allen Seiten rasch abnimmt.

Über dem beschriebenen Ton-Kohlen-Flöz liegt im Gebiet des Imberger Tobels eine 3—4 m mächtige Bank von geschichteter Nagelfluhe; sie ist sowohl am Gehänge an verschiedenen Stellen zu sehen, als auch wurde sie unter Tage durch verschiedene Bohrversuche im Hangenden nachgewiesen. Über dieser Nagelfluhbank soll nach Gümbel (Geognost. Jahreshefte, 1. Jahrg., 1888, S. 169) ein zweites, ca. 1,5 m mächtiges Flöz von unreiner, mit Letten und sandigen Beimengungen durchsetzter Kohle vorhanden sein. Von diesem angeblichen zweiten Flöz konnte anläßlich der Begehung an den vorhandenen Aufschlüssen nichts beobachtet werden. Auch aus den Grubenberichten geht hervor, daß wenigstens in dem durch den Bergbau erschlossenen Grubenfelde ein oberes zweites Flöz nicht vorhanden ist. In der Josephszeche konnte das Fehlen des Flözes einwandfrei beim Abteufen des 36,50 m tiefen Luftschachtes festgestellt werden. Es wurden hierbei nach den Angaben des Betriebsleiters zunächst rd. 30 m Moräne, sodann die hier rd. 4 m mächtige Nagelfluhbank, schließlich ca. 2,50 m Ton durchteuft, bis die Kohle des Josephstollens erreicht wurde; ein oberes Flöz war also nicht vorhanden; über der Nagelfluhbank liegt unmittelbar die Moräne. Ganz ähnlich scheinen die Verhältnisse am Eingang zur Luftstrecke der Antonzeche zu liegen, soweit die vorhandenen Aufschlüsse über Tag eine Feststellung überhaupt ermöglichen. Es ist möglich, daß an dem Abhang oberhalb des Zusammenflusses von Löwenbach und Kiendelbach sich über der Nagelfluhe eine Tonbank mit Kohleneinlagerung befindet, welche aber nach Norden und Osten jedenfalls sehr rasch auskeilt; nach dem oben geschilderten Verhalten des Ton-Kohlen-Flözes der beiden Grubenfelder wäre dies nicht verwunderlich.

Über das Alter und die Entstehung der Imberger Kohle läßt sich auf Grund der bisherigen Aufschlüsse mit Gewißheit sagen, daß die Braunkohle interglazial ist, d. h. daß sie in einer wärmeren Periode zwischen zwei Vergletscherungen des Allgäuer Gebirges entstanden ist. Sicher ist sie nicht präglazial, also vor der Eiszeit entstanden; denn die Flyschterrasse, auf welcher die ganze Imberger Glazialserie aufruht, ist nicht etwa die voreiszeitliche Oberfläche des Gebirges, sondern ist der Rest eines durch vorhergegangene Gletscherwirkung übertieften Talbodens; ferner ist durch K. W. v. Gümbel (Geologie v. Bayern, 2. Bd., S. 118) und A. Penck (Vergletscherung d. deutschen Alpen, S. 256ff.) festgestellt worden, daß unter der das Kohlenflöz einschließenden Nagelfluhe Moräne und Bänderton liegen. Die Angaben v. Gümbels und Pencks sind durch den Befund beim Bau der Spann- und Ladestelle der Drahtseilbahn, ferner durch eine Bohrung im Talboden des Imberger Tobels zwischen Grubenfeld und der Ortschaft bestätigt worden. Ferner ist die Überlagerung des Kohlenfeldes durch jüngere Moräne eine Tatsache, welche jederzeit nachgeprüft werden kann.

Die Entstehungsgeschichte der Imberger Kohle dürfte etwa folgendermaßen verlaufen sein:

Nach dem Rückzug des Iller- und Osterach-Gletschers einer früheren Vereisung bestand zunächst wahrscheinlich infolge Abdämmung durch eine Endmoräne am Ausgang des Illertales ein aufgestauter See, der das ganze Talbecken ausgefüllt haben dürfte, und dessen Spiegel etwa auf 950 m Seehöhe lag. Auf dem Grunde dieses Sees setzte sich zunächst die Flußtrübe aller in den See mündenden Gewässer als Seekreide oder Bänderton ab. Im Gebiete des Imberger Tobels legte sich dann zunächst ein flacher Schuttkegel über den Ton. Nachdem durch irgendwelche Gründe die Zufuhr von Gerölle aufhörte, konnte sich über der Geröllschicht wiederum Ton ablagern, auf welchem sich dann das Sumpfmoor bilden konnte, das uns jetzt als Braunkohle entgegentritt. Es handelt sich hier also um eine Sumpfmoorbildung, welche in längeren oder kürzeren Zwischenräumen durch Überschwemmungsvorgänge vielfach unterbrochen wurde; dies ergibt sich aus dem stetigen Wechsel von Ton- und Kohlenlagen und den lageweisen Einschwemmungen von Schilfresten, Koniferennadeln und Zweigstücken. Die Vegetation war diejenige eines Sumpfmoores mit zeitweise üppig gedeihendem Baumbestand, dessen Überreste in Form plattgedrückter Strünke sich in einigen Schichten finden. Jul. Schuster (Palaeobot. Notizen aus Bayern, Bericht der Bayer. Bot Ges.., Bd. 12, S. 44) hat folgende Baumarten festgestellt: Picea excelsa (Lam.) Link (Fichte) und Pinus silvestris L. (Kiefer). Die Kohlen-Ton-Ablagerung wurde schließlich durch die wieder einsetzende Geröllzufuhr mit einer Schotterlage überdeckt, welche ebenso wie die darunter liegende zu einer Nagelfluhe verkittet wurde, und zwar wahrscheinlich schon vor der später einsetzenden neuerlichen Vergletscherung. Während dieser jüngeren Vereisung wurde über dem nunmehr zu Nagelfluhe verfestigten Schotter eine mächtige Moräne abgelagert. Im Norden, gegen das Osterachtal zu, machte sich die erodierende Kraft des Osterachgletschers geltend, indem durch die trogförmige Übertiefung ein Teil der älteren Imberger Glazialablagerungen weggeschnitten und durch jüngeres Material ersetzt wurde.

Die ursprüngliche Sumpfmoorablagerung hat sicherlich zur Zeit ihrer Bildung eine Mächtigkeit besessen, welche die heutige Mächtigkeit von rd. 1 m um ein Vielfaches übertraf. C. W. v. Gümbel (Beitr. z. Kenntn. d. Mineralkohlen, Sitz.-Ber. Akad. Wiss. m. ph. Kl. , 1883, S. 127) berichtet, daß es gelang, durch Anwendung eines Druckes von 20000 Atmosphären senkrecht zur Oberfläche eine rezente Torfmasse von 100 cm Dicke auf 10,7 cm zusammenzupressen. Wenn auch der Eisdruck des Illergletschers wesentlich geringer war, so darf man bei der langen Dauer der Vergletscherung doch ein ähnliches Resultat annehmen; denn was an Druckkräften fehlte, wurde durch die lange Dauer der Druckeinwirkung ersetzt. Es ergibt sich also, daß das Sumpfmoortorflager vor der Bedeckung mit Gletscherschutt mindestens 8—10 m Dicke besessen haben dürfte. Während der nachfolgenden Vereisung lastete dann eine Gletschermasse von einigen hundert Metern Mächtigkeit über dem ganzen Schichtenkomplex des Imberger Tobels und komprimierte das ehemalige Torflager zur heutigen Schieferkohle.

Wie schon eingangs erwähnt wurde, hatte das Vorkommen von Kohle im Leybach-Tobel und Schwarzenbach-Tobel die Annahme hervorgerufen, daß es sich um ein größeres zusammenhängendes Kohlenfeld handeln könnte. Die Abbauversuche haben jedoch ergeben, daß im Imberger Tobel die Kohle, soweit sie nicht, wie im nördlichen und nordwestlichen Teile der Grube, durch die nachfolgende Vereisung erodiert ist, gegen Osten und Süden an Mächtigkeit rasch abnimmt, daß es also eine Torfablagerung von beschränkter räumlicher Ausdehnung gewesen sein muß. Dafür spricht auch eine Bohrung in der Mitte zwischen Imberger- und Leybach-Tobel, südwestlich von P. 986 (Kühberg), woselbst in etwa 945—950 m Höhe ein Tonflöz in einer Mächtigkeit von rd. 4 m bis anscheinend zum Grundgebirge (Flysch?) durchteuft wurde, wobei sich herausstellte, daß lediglich die untersten 0,20 m des Flözes lettige Kohle enthielten.

Im Leybach-Tobel finden sich dagegen in dem dort sehr mächtigen Bänderton wieder eine ganze Reihe von Kohleneinlagerungen, wie ein am „Hägle" ausgeführter Schurf mit Bohrung erweist. Es fand sich folgendes Profil:

Hangendes: 1,50 m fetter Ton,
          0,50 „ reine Lignitkohle,
          0,50 „ dunkler Ton,

```
        1,30 m dunkelgrauer Ton,
        0,33 ,,  feste Kohle,
        0,10 ,,  Ton,
        0,20 ,,  feste Kohle,
        0,60 ,,  Ton,
        0,45 ,,  Kohle,
        1,70 ,,  Ton mit Kohlenstückchen,
        0,15 ,,  Kohle,
        0,60 ,,  Ton.
Liegendes:  0,30 ,,  gelber Ton.
```

Wie unbeständig und wenig aushaltend die Kohleneinlagerungen sind, geht daraus hervor, daß rd. 200 m talabwärts in einem Versuchsstollen von den bis zu 0,50 m mächtigen Kohlenflözen des vorerwähnten Schurfes nichts mehr zu sehen war; es fanden sich im Stollenprofil nur einige Zentimeter starke Kohlenschmitzen. Eine Bohrung von der Stollensohle aus ergab 11 m reinen Ton im Liegenden; ebenso fanden sich in einem vom Stollenort getriebenen Überhau 7 m Ton mit einzelnen Kohlenschmitzen von wenigen Zentimetern Mächtigkeit.

Im Hinanger Bach, etwa 1 km südsüdwestlich vom vorhergehenden Punkt, wurde in einem Schurf mit Bohrung dunkelgrauer Ton ohne Kohle in einer Mächtigkeit von 14 m festgestellt; das Liegende besteht anscheinend aus Moräne, das unmittelbar Hangende wurde nicht aufgeschlossen, dagegen steht 25—30 m oberhalb am Rand des Tobels Nagelfluhe an. Auch diese Feststellung beweist, daß die Kohlenvorkommen auf diesen alten Terrassen nur ganz lokale Vorkommen sind.

Auf einer etwas tieferen Terrasse westlich von Hofen findet sich im Schwarzenbach-Tobel auf ca. 800 m Höhe eine Schieferkohlenablagerung, welche ebenfalls vor der letzten Vergletscherung des Illertales entstanden ist. Dort fand sich am westlichen Ufer in einem Schurf folgendes von dem derzeitigen Betriebsleiter beobachtetes Profil:

```
Hangendes:  Moräne,

        0,80 m heller Bänderton,
        0,40 ,,  dunkler Ton,
        0,20 ,,  Lignitkohle,
        0,40 ,,  dunkler Ton,
        0,80 ,,  heller, fetter Ton.
Liegendes:  ? dunkelgrauer Ton.
```

Die Überlagerung des Ton-Kohlen-Flözes durch Moräne kann ohne weiteres beobachtet werden.

Die Tatsache, daß sich an dieser der Gletscherabtragung so außerordentlich ausgesetzten Stelle solche zwischeneiszeitliche Ablagerungen überhaupt erhalten konnten, ist sehr merkwürdig; doch kann auf die Gründe dieser Erscheinung nicht näher eingegangen werden.

4*

3. Die Schieferkohle von Großweil und Ohlstadt.

Vom Regierungsgeologen Dr. Jos. Knauer.

Die Schieferkohle von Großweil und Ohlstadt gehört, wie diejenige von Imberg bei Sonthofen, zu den jüngsten Kohlenbildungen Südbayerns, nämlich zur diluvialen Braunkohle.

Die Großweiler Braunkohle findet sich am östlichen Ende des ca. 9 km langen Verbindungstales, welches das Murnauer Moos und die Kochelseesenke verbindet, im Norden von der Murnauer Molassemulde, im Süden von den Flyschhöhen begrenzt und von den diluvialen und alluvialen Schottern und von Moränen erfüllt ist. Die Ohlstädter Kohle liegt am östlichen Rande des Murnauer bzw. Eschenloher Mooses am Fuße des aus älteren Gesteinen aufgebauten Heimgarten-Gebirgskammes.

Auf diese Kohlen-Vorkommen sind drei Grubenfelder verliehen, und zwar auf das Großweiler Vorkommen die Zechen Irene 1 und Irene 2, auf das Ohlstädter Vorkommen die Antoniezeche. Auf dem Felde der Irenezeche kam es schon seit den siebziger Jahren des vergangenen Jahrhunderts zu einem geringen Bergbaubetrieb; eine großzügige Gewinnung der Kohlen begann aber erst, als die Maschinenfabrik Augsburg-Nürnberg die Grubenfelder erworben hatte.

Die Kohle von Großweil ist eine gut geschichtete bis dünnschieferige, zum Teil lignitähnliche, zum Teil torfähnliche Braunkohle, welche beim Trocknen an der Luft aufblättert. Die Kohle ist im Vergleich zu anderen derartigen Ablagerungen sehr rein; es sind im allgemeinen nur zwei graue Lettenbänke von geringer Mächtigkeit zwischengelagert. Neuerdings wurde am Südrande des Flözes in einem neuen Stollen in der Nähe des Werkes eine 1,30 m mächtige Lettenschicht im oberen Teil des Flözes angefahren, welche sich aber bergwärts auskeilt. Das Großweiler Flöz findet sich in 625—632 m Höhe über dem Meere und ist annähernd horizontal gelagert; nur in der Gegend des Höllersberges steigt das Flöz gegen Norden und Westen etwas an, worüber später noch Näheres mitgeteilt wird. Das Flöz ist von einer Anzahl von Verwerfungen durchzogen, welche meist ein südwest-nordöstliches Streichen aufweisen und als von Letten erfüllte Lassen in Erscheinung treten; nur eine südsüdwest-nordnordöstlich verlaufende Verwerfung im Tiefbau unter dem nordöstlichen Teil des Höllersberges ließ ein Absinken des westlichen Flügels um ca. 40 cm erkennen. Diese Verwerfungen dürften als eine Folgeerscheinung der im Kochel-Walchenseegebiet bis in die Diluvialzeit hinein stattgefundenen tektonischen Bewegungen, d. h. Äußerungen der gebirgsbildenden Kräfte anzusehen sein. Im Westfelde der Grube ist eine klaffende Spalte bzw. Aushöhlung im Flöz bemerkenswert, welche mit fettem Ton angefüllt war und beim Anschlagen sich als ziemlich wasserführend erwies, welches Wasser anscheinend gestaut war, da der Zufluß später nachließ und dann ganz aufhörte; es scheint sich hier um die Auswaschung eines unterirdischen Wasserlaufes zu handeln, welcher durch Tonabsätze allmählich verstopft wurde. Wenn auch an dieser Stelle keine direkten Anzeichen einer Verwerfung festzustellen sind, so dürfte die Anlage dieser unterirdischen Wasserzirkulationswege wahrscheinlich doch auf die erwähnten Verwerfungsklüfte zurückzuführen sein. Die Mächtigkeit des Großweiler Flözes beträgt, wie schon Penck (Die Alpen im Eiszeitalter, S. 238) angibt, 2—3 m; es wurden aber auch schon 4 m festgestellt.

Ähnlich der Großweiler Kohle ist die Kohle bei Ohlstadt. Jedoch sind es hier zwei Flözgruppen, welche durch eine etwa 10 m mächtige Lettenschicht getrennt sind. Die obere Flözgruppe besteht, wie man an dem verbrochenen Stolleneingang vor kurzer Zeit noch sehen konnte, aus zwei Kohlenbänken von 0,6 m (obere Bank) und ca. 0,6—0,7 m (untere Bank) Mächtigkeit, welche durch eine ca. 1 m mächtige schwärzliche Tonschicht getrennt sind. Die untere Flözgruppe ist jetzt am ehemaligen Stollen nicht mehr sichtbar, da alles zu Bruch gegangen ist; aus alten, zur Zeit der geologischen Kartierung gemachten Notizen ist zu entnehmen, daß die untere Flözgruppe folgende Zusammensetzung aufweist:

> Hangendes: Letten und Kies,
> 1,80 m Kohle,
> 0,10 ,, Letten,
> 0,20 ,, Kohle,
> 0,15 ,, Letten,
> 0,20 ,, Kohle.
> Liegendes: Letten.

Die obere Flözgruppe liegt auf ca. 665 m Höhe über dem Meere, die untere ca. 10 m tiefer. Die Lagerung des Flözes scheint annähernd horizontal zu sein; denn in den ca. 250 m nordöstlich vom Stolleneingang den ganzen Hang schneidenden Dränagegräben sind die Spuren der Flöze in gleicher Höhenlage zu erkennen.

Ferner ist am Nordende des Eschenloher Beckens, bei Hechendorf (südlich von Murnau) ein 0,5 m mächtiges Flöz, auf welches die Karlzeche verliehen war, durch einen früheren, in den Jahren 1896/97 eröffneten, jetzt eingegangenen kleinen Bergbau festgestellt worden. Die Höhenlage dieses Flözes ist ungefähr 640—645 m über dem Meere.

Die geologischen Verhältnisse und die Entstehung der Schieferkohlen von Großweil und Ohlstadt.

Die geologischen Verhältnisse dieser Kohlenbildungen stellen sich auf Grund der vorhandenen Literatur, eigener Untersuchungen und der mündlichen und schriftlichen Mitteilungen der Betriebsleitung, wofür hiermit bestens gedankt sei, folgendermaßen dar:

Das Grundgebirge, auf dem die kohleführenden Diluvialschichten bei Großweil ausgebreitet sind, besteht im südlichen Teil aus Flysch, in der mittleren Region aus einer anscheinend nicht sehr breiten Zone von Kreideschichten der helvetischen Ausbildung, im nördlichen Teil aus Molasseschichten. Die Kenntnis des Verlaufs der Grenzen zwischen

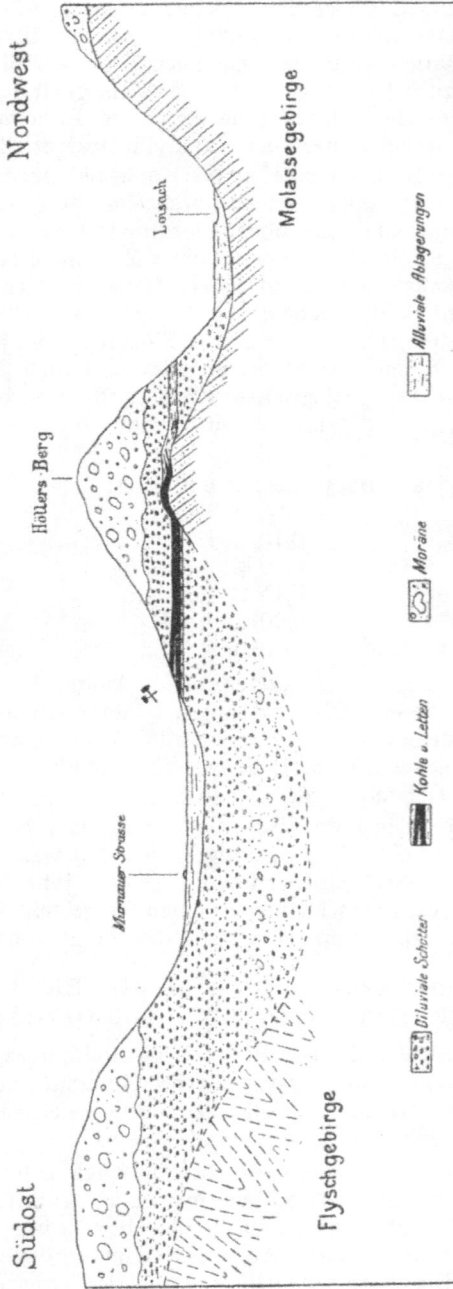

Fig. 5.

Entw. Dr. Knauer.

diesen einzelnen Formationsgliedern wäre für die Geologie von großem
Interesse; er ist aber leider nirgends aufgeschlossen, da Flysch und Kreide
nur an ganz wenigen Punkten über Tage anstehen, während die Molasse
nur in der Grube unter dem Höllersberg am Ausgehenden des Flözes
angefahren wurde. Im Bereiche dieser Kreide- und Tertiärschichten
hat sich früher eine Senke gebildet, in welcher die diluvialen Schichten,
in denen sich die Kohlen finden, abgelagert wurden. Das Großweiler
Kohlengebiet war einst eine schmale Bucht des ehemals viel weiter
ausgedehnten Kochelsees. In dieser Bucht wurden zunächst Schotter
und Moränenbildungen einer früheren Vergletscherung abgelagert; die
Schotter im Liegenden des Flözes enthalten nämlich kristalline Gesteine
aus den Zentralalpen, welche nur durch Gletscher hierher gebracht sein
konnten. Über diese Schotter legte sich eine Lettenschicht, welche als
Schlammablagerung eines Sees zu deuten ist. Auf dieser Lettenschicht
siedelte sich nun eine mit Schilfröhricht beginnende Sumpfmoor-
vegetation an; daraus entwickelte sich dann ein Zwischenmoor zunächst
mit Birkenbestand, sodann mit üppigem Misch- und Nadelwald, bis
schließlich mit der dauernden Erhöhung des Torflagers ein mächtiges
Hochmoor entstand. Diese Bildungsgeschichte prägt sich deutlich in
der Zusammensetzung des Flözes aus, welches meist in den unteren
0,40 m Sumpfpflanzen mit Schilfrohrabdrücken enthält, worauf eine
Schicht mit zahlreichen Birkenstämmen folgt, welche überlagert ist
vom Hauptteil des Flözes, in welchem sich besonders häufig die Reste von
Koniferen nebst Torfmooslagen finden. Die Bildung des Flözes wurde
einige Male stellenweise unterbrochen durch Einschaltung der früher
schon erwähnten Lettenschichten, welche bis zu 1,30 m Mächtigkeit
anschwellen und darauf hindeuten, daß das Gelände zeitweise Über-
flutungen ausgesetzt war. Da das Flöz sich in ca. 625—632 m Höhe
über dem Meere (also ca. 25—32 m über dem heutigen Kochelseespiegel)
befindet, muß man annehmen, daß der Spiegel des früheren Kochelsees
zeitweise um 25—32 m höher lag. Rothpletz (Die Osterseen, Mitt. d.
Geograph. Ges. München, 12. Bd., S. (139) 237) nimmt allerdings nur
einen um etwa 10 m höheren Wasserstand an, während Penck (Alpen
im Eiszeitalter, S. 338) das Doppelte für wahrscheinlich hält; Rothpletz
stützt seine Vermutung auf die Höhenlage des Molasseriegels, der den
Kochelsee staute und nirgends die Höhe von 620 m erreicht. Als zwingend
kann diese Beweisführung nicht gelten, weil der Molasseriegel seit der
Interglazialzeit, in welcher die Großweiler Kohle entstand, durch die
Erosion sicher wesentlich erniedrigt worden ist.

Die im vorhergehenden geschilderte Aufeinanderfolge der Vege-
tationsarten im Flöz beweist, daß das Flöz autochthon ist, d. h. daß
die Substanz des Flözes an Ort und Stelle gewachsen und nicht durch
Zusammenschwemmung pflanzlicher Überreste — also allochthon —
entstanden ist. Gegen eine Entstehung durch Zusammenschwemmung
spricht auch die große Reinheit der Kohle, d. h. das Fehlen von lettigen
Einlagerungen zwischen den einzelnen Blättern der Schieferkohle
— natürlich mit Ausnahme der oben erwähnten wenigen Lettenbänke.

Eine besondere Eigentümlichkeit, welche scheinbar gegen eine autochthone Entstehung des Flözes spricht, bedarf noch der Erwähnung; es finden sich nämlich in diesen interglazialen Kohlen niemals größere unverletzte Baumstämme; es sind lediglich zerbrochene Baumstämme und Strünke mit Wurzelstöcken wirr gelagert zu finden. Diese eigentümliche Erscheinung ist aber darauf zurückzuführen, daß das früher etwa 20—30 m mächtige Hochmoortorflager durch das Gewicht des mindestens 900 m mächtigen Gletschers der nachfolgenden Vereisung ungefähr auf den zehnten Teil zusammengepreßt wurde; bei diesem Vorgange mußten natürlich etwa vorhanden gewesene ganze Baumstämme zerbrochen und wirr mit dem umgebenden Material vermengt werden. Eine weitere Eigenschaft, nämlich die ausgesprochene Schieferung des Flözes, dürfte ebenfalls durch die Druckwirkung des Eises hervorgerufen und nicht so sehr durch die ursprüngliche Schichtenablagerung bedingt sein; es ist sicherlich Druckschieferung im Spiel gewesen. Ein deutlich sichtbarer Ausdruck des Einflusses der Belastung durch die gewaltige Eismasse ist die Lagerung des Flözes unter dem Höllersberg; dort taucht die Molasse aus dem schottererfüllten Untergrund in Form eines Hügelrückens auf und bildet hier das unmittelbar Liegende des Flözes. Hier wurde nun durch den Bergbau festgestellt, daß das Flöz, welches im allgemeinen ziemlich horizontal durchstreicht, entlang diesem Molasserücken flexurartig abgebogen ist. Diese Lagerungsweise ist so zu erklären, daß nicht nur das Flöz selbst sondern auch die liegenden Schotter nicht nur durch die natürlichen Setzungsvorgänge sondern in besonderem Maße durch die Eisbelastung etwas zusammengedrückt wurden, während die Molasseschichten ein unnachgiebiges Widerlager bilden (s. Fig. 5), auf welchem das Flöz seine ursprüngliche Höhenlage beibehielt, während südwärts davon Flöz und liegende Schotter um ca. 1½—2 m tiefer gepreßt wurden. Die beiden Flözflügel blieben aber in Zusammenhang, jedoch ist längs der ganzen Verdrückungszone die Flözmächtigkeit durch die Zerrung wesentlich vermindert. Daß dieses Absinken zum großen Teil durch die geschilderte Eispressung hervorgerufen sein dürfte, wird auch noch durch die außerordentliche Härte und Festigkeit der Kohle über der Molasse bewiesen; denn hier mußte das Flöz infolge des unnachgiebigen Molasse-Widerlagers den gesamten Druck des Eises aufnehmen, während in dem abgesunkenen Flözbereich sich der Druck verteilte, da die liegenden Schotter einen Teil des Druckes aufnahmen. Die Härte der auf der Molasse lagernden Kohle ist teilweise so groß, daß sie mit den gewöhnlichen Schrämwerkzeugen nur schwer bearbeitet werden kann.

Über die Flora der Großweiler Kohle ist aus der vorhandenen Literatur folgendes zu entnehmen: Jul. Schuster (Palaeobotan. Notiz aus Bayern, Ber. d. Bayer. Bot. Ges., Bd. 12, S. 58) stellte das Vorkommen folgender Pflanzenarten fest: Equisetum sp. (Schachtelhalme); Taxus baccata L. (Eibe); Picea excelsa (Lam.) Link. var. europaea Tepl.(Fichte); Pinus silvestris L. (Kiefer); Phragmites communis Trin. (Schilfrohr); Corylus avellana L. (Haselstrauch); Betula pubescens Ehrh. (Birke);

Menyanthes trifolia L. (Bitterklee); ferner folgende Moose: Calliergon trifarium Kindb.; Scorpidium (Hypnum) scorpioides (L.) Warnst.; Meesia tristicha Funck und Hypnum purum L. Dagegen hat sich das von v. Gümbel und auch noch von Rothpletz (Osterseen, Mitt. d. Geograph. Ges. München, 12. Bd., S. 149) erwähnte Vorkommen von Latschen (Pinus pumilio) nicht bestätigt.

Als besondere Merkwürdigkeit sei noch erwähnt, daß sich im Ostfeld (Tagebau) in der Birkenschicht des Flözes eine fossile Brandschicht mit angekohlten und angerußten Pflanzenresten fand, was auf einen während der Bildung des Torflagers stattgehabten Torfbrand schließen läßt.

Das Hangende des Flözes wird mit teilweiser Zwischenschaltung einer Lettenschicht von glazialen Schottern, den „Murnauer Schottern" Rothpletz's (Osterseen, S. 56) gebildet, welche nach Rothpletz der Würmeiszeit angehören; aus der Photographie, Bild 28 und 29, ist die Überlagerung des Flözes durch geschichtete Schotter sehr gut zu erkennen. Über diesen Schottern liegt gegen den Höllersberg zu als Bekrönung die Jungmoräne des Bühlstadiums nach Penck (Alpen im Eiszeitalter, S. 338), welche aber wahrscheinlich als Rückzugsmoräne der Würmeiszeit aufzufassen ist.

Über die Ausdehnung des Großweiler Flözes haben sowohl der Bergbau wie auch die Bohrungen einiges Licht verbreitet. Gegen Norden zu, etwa in der Linie der Kammhöhe des Höllersberges keilt das Flöz normal aus, indem sich in verzahnter Lagerung innerhalb kurzer Entfernung Letten einstellt. Im Osten, im Tagebau, endigt das Flöz plötzlich an einer scharfen, durch Erosion verursachten Grenze; an den deutlich erodierten Flözstoß ist Schlamm und Sand angelagert. Über die Ausdehnung gegen Süd, also gegen das Gebirge, ist nichts bekannt geworden. Es ist möglich, daß das Flöz sich bis an das Flyschgebiet ausdehnt; Klarheit darüber kann nur durch Bohrungen geschafft werden. Auch über die Erstreckung gegen Westen, also über Schwaiganger hinaus, ferner über den etwaigen Zusammenhang mit den Kohlenvorkommen des Murnauer bzw. Eschenloher Beckens ist bis jetzt nichts festgestellt worden. Die niedergebrachten Bohrungen haben die Erstreckung der Kochelseebucht bis etwa in die Gegend südlich von Schwaig sichergestellt. Falls ein die beiden Becken trennender Riegel vorhanden war, hat er sich jedenfalls weiter westlich befunden, etwa in der Gegend von Schwaiganger. Aus der Höhenlage des Ohlstädter Flözes (655—665 m) geht jedenfalls hervor, daß es nicht mit dem Großweiler Flöz identisch sein kann. Der Spiegel des interglazialen Eschenloher Sees stand also einmal ungefähr in der angegebenen Höhe; da für eine solche Höhenlage des interglazialen Kochelseespiegels bisher keine Anhaltspunkte bestehen, ist anzunehmen, daß beide Becken voneinander unabhängig waren.

Die Kohlenablagerungen des Murnauer bzw. Eschenloher Beckens, also die beiden Flözgruppen bei Ohlstadt (Antoniezeche) und das Flöz bei Hechendorf (Karlzeche) dürften aller Wahrscheinlichkeit nach auf ähnliche Weise entstanden sein, wie die Großweiler Kohle; sie dürften sich auch in der gleichen Zwischeneiszeit gebildet haben. Das unmittelbar Hangende des obersten Ohlstädter Flözes ist grauer Letten; darüber liegen in einer Mächtigkeit von mindestens 12—15 m Schotter ohne merkbare Schichtung mit häufigen kristallinen Geschieben aus den Zentralalpen; die Schotter sind teilweise leicht verfestigt. Über diese Schotter sind später die Trümmer eines wahrscheinlich nacheiszeitlichen Bergsturzes darüber gebreitet worden. Das Liegende des tiefsten Ohlstädter Flözes besteht, wie aus den Aufschlüssen an den eingangs erwähnten Dränagegräben hervorgeht, bis auf das Niveau des heutigen Eschenloher Mooses aus grauem Letten. Ein gleicher Letten ist unweit des Flözes der Karlzeche bei Hechendorf an der Brücke der Staatsstraße über die Ramsach aufgeschlossen; das Flöz selbst jedoch ist nicht mehr sichtbar, da der ehemalige, in den neunziger Jahren aufgefahrene Stollen vollständig verbrochen ist. Das Flöz soll eine Mächtigkeit von 0,5 m besessen haben, das Liegende soll eine Lettenschicht, das Hangende Mergel gewesen sein.

Die Kohlen von Ohlstadt und Hechendorf sind aller Wahrscheinlichkeit nach die Überreste von Ablagerungen, welche in einer (Riß-Würm? —) Interglazialzeit in dem Eschenloher Becken gebildet wurden.

4. Die Schieferkohlen von Wasserburg und Umgebung.
Vom Regierungsgeologen Dr. Jos. Knauer.

Am Gehänge des jungen Erosionstales des Inns zwischen Wasserburg und Gars finden sich in den tiefsten Teilen der vom Inn durchschnittenen glazialen Ablagerungen junge Schieferkohlen, welche dem Alter und der Art der Entstehung nach zur gleichen Gruppe wie die Imberger und Großweiler Kohlen gehören, nämlich zu den diluvialen Braunkohlen.

Über die Art und Lagerungsverhältnisse konnte auf Grund der vorhandenen Literatur und der im Frühjahr 1921 erfolgten Untersuchungen an Ort und Stelle folgendes festgestellt werden:

Die Braunkohle der Wasserburger Gegend ist im allgemeinen eine meist durch Sand und Letten verunreinigte dünnschieferige, stark blätternde, zum Teil lignitische, zum Teil moostorfähnliche Schieferkohle. Sie findet sich an verschiedenen Stellen nahe dem Wasserspiegel des Inns und von den Schottermassen der letzten Eiszeit überragt und bedeckt. Die Lagerung ist, soweit Beobachtungen vorliegen, meist unruhig gewellt, wechselnd zwischen horizontaler Lagerung und schwachem Einfallen. Auf Grund dieser Vorkommen sind bisher fünf Grubenfelder verliehen worden:

1. Braunkohlengrube Kronastzeche an der Innleite bei Wasserburg. Sie gründet sich auf das Vorkommen einer wenig mächtigen Lage sehr verunreinigter sandiger blätteriger Kohle, in welcher man Moos- und Sumpfpflanzen erkennen kann. In einem teilweise verstürzten Stollen konnte nachstehende Schichtenfolge festgestellt werden:

Hangendes: Schotter mit darüber liegender zwischenlagernder
Moräne,
ca. 0,10 m blätterige Kohle, gegen innen auskeilend,
0,40 m grauer Sand,
? m schwärzlicher, glimmerreicher, sandiger Letten.
Liegendes: Lettiger Mergel, schmutzig-graugrün, wahrscheinlich
tertiären Ursprungs.
Die Lagerung ist annähernd horizontal, die Schichtfläche zeigt unregelmäßigen Verlauf.

2. Braunkohlengrube Barbarazeche am Inn, 2 km nördlich von
Wasserburg. Am linken Innufer befindet sich am Fuße des Steilhanges
einige Meter über dem Wasserspiegel ein alter Stollen, an dessen Eingang
ein ca. 1 m mächtiges Braunkohlenflöz aufgeschlossen ist. Die untere
Hälfte des Flözes besteht aus lignitischer und Mooskohle, und zeigt
bessere Beschaffenheit als die obere Hälfte, welche sich als sandig verunreinigt erweist. Es zeigte sich folgende Schichtentwicklung:

Hangendes: Schotter, reich an kristallinen Geschieben, mergeliger
Letten, graugrün und feinsandig,
ca. 1,00 m Schieferkohle.
Liegendes: Ton, wahrscheinlich tertiären Ursprungs.
Das Flöz fällt hier mit etwa 10—12⁰ nach Norden ein.

3. Braunkohlengrube Ludwigszeche am östlichen Ufer des Inns,
ca. 2 km nördlich von Wasserburg. Diese Zeche gründet sich auf das
Vorkommen eines nahe am Wasserspiegel des Inns ausstreichenden,
ca. 0,20—0,25 m mächtigen Flözes. Die Kohle ist eine lignitartige
Schieferkohle, jedoch sehr unrein und wechsellagernd mit Mergel bzw.
Letten. Das Hangende wird von Schotter gebildet. Die Lagerung des
Flözes ist hier annähernd horizontal.

4. Braunkohlengrube Prinzregentzeche am rechten Innufer,
etwa 600 m nordwestlich von Schambach. Etwa 5—6 m über dem
Wasserspiegel des Inns befindet sich der Eingang eines alten Stollens,
welcher vollständig verbrochen ist; jedoch ist das Flöz noch teilweise
aufgeschlossen, so daß man seine Natur studieren kann. Das Flöz
weist eine außerordentlich wechselnde Mächtigkeit bis zu 2 m auf;
ein zusammenhängendes Normalschichtprofil läßt sich nicht aufstellen,
da der Wechsel zu groß ist. Im allgemeinen besteht der obere Teil
des Flözes aus mürber, blätteriger Kohle, deren oberste Lage schwarz-
braun mulmig ist und als Hangendes zunächst ca. 0,35—0,40 m Schotter
und darüber ca. 1 m gelbgrünen mergeligen Feinsand mit Kieseleinlage-
rungen besitzt. Im unteren Teil des Flözes finden sich an einer Stelle
ca. 0,35 m moorige, blätterige Lagen, darüber folgen lignitische und
moosige Partien mit eingelagerten Baumstämmen und Ästen. Einige
Meter südwestlich davon ist im unteren Teil des Flözes eine Einlagerung
von sandigem Ton mit Quarzgeröllen sichtbar, welche den Eindruck
macht, als wenn sie von unten her mit Gewalt in das Flöz hineingepreßt
worden wäre. Überhaupt macht die ganze Kohlenablagerung den Ein-

druck, als wenn sie durch die Eispressung gestaucht worden wäre. Das unmittelbar Liegende ist, soweit sichtbar, sandiger Letten mit eingestreuten Quarzgeröllen; darunter dürfte überall tertiärer Flinzmergel anstehen, denn er streicht ca. 20 m flußaufwärts und ca. 200 m flußabwärts zu Tage aus; außerdem sind an verschiedenen Stellen in dieser Höhe Grundwasseraustritte sichtbar, was ebenfalls auf Flinzuntergrund hindeutet. Die Lagerung des Flözes ist, wie erwähnt, unruhig.

5. Braunkohlengrube Hedwigszeche am linken Innufer, südwestlich von Gars und etwa 1 km nord-nordöstlich der Königswarter Eisenbahnbrücke. Etwa 5 m über dem Wasserspiegel des Inns findet sich ein alter Stollen, welcher auf ca. 5 m Länge unverletzt ist, jedoch wegen sehr großen Wasseraustrittes ungangbar ist. Der Stollen steht in grüngrauem Flinzmergel, welcher das Liegende des höher oben durchstreichenden ca. 0,50—0,55 m mächtigen Kohlenflözes bildet. Das Flöz besteht aus einer dünnschieferigen, durch feine Lettenzwischenlagen verunreinigten Kohle von moostorfiger und lignitischer Beschaffenheit; es finden sich darin Ast- und Stammstücke. Das unmittelbar Hangende war nicht aufgeschlossen, besteht aber laut früheren Untersuchungen aus Kies, welcher den ganzen hohen Steilhang darüber aufbaut. Die Lagerung des Flözes ist annähernd horizontal, mit vielleicht schwachem Südfallen.

Die geologischen Verhältnisse und die Entstehung der Wasserburger Kohle.

Die Schieferkohlen von Wasserburg sind allem Anschein nach aus einer Anzahl von Sumpf- und Torfmooren entstanden, welche ehemals auf dem Flinz und seinen Verwitterungsprodukten sich ausgebreitet haben. Es waren die gleichen Gebilde, wie sie heute noch in den flachen Einsenkungen des alpinen Vorlandes weit verbreitet sind. Das geht auch aus den Pflanzenresten hervor, welche sich in den Flözen finden und von Jul. Schuster (Palaeobotan. Notiz. aus Bayern, Ber. d. Bayer. Bot. Ges., Bd. 12, S. 58) aufgezählt werden; es sind folgende Pflanzenarten: Abies alba Miller (Edeltanne); Pinus sivestris L. (Kiefer); Picea excelsa (Lam.) Link. (Fichte); Larix decidua Miller (Lärche); Taxus baccata L. (Eibe); Corylus avellana L. (Haselstrauch); Fagus silvatica L. (Buche); Menyanthes trifoliata L. (Bitterklee); Polygonum minus Huds.; Pragmites communis Trin. (Schilfrohr); ferner die Moose: Camplothecium nitens Schimp.; Hypnum aduncum Hedw.; Hypnum fluitans Dill.; Hypnum intermedium Lindb.; Hypnum scorpioides L.; Hypnum commutatum Hedw.; Calliergon giganteum Kindb.; Sphagnum acuti folium Ehrh.; Sphagnum cuspidatum Ehrh. Alle aufgeführten Pflanzen deuten darauf hin, daß das Klima damals ein ähnliches gewesen sein muß, wie es heute in dieser Gegend herrscht.

Diese alten Sumpf- und Torfmoore finden sich nun sämtlich im Zungenbecken des Inngletschers der Würmeiszeit. Sie liegen, wie erwähnt, ausnahmslos auf dem Flinz und sind bedeckt von den miteinander verzahnten Schottern und Moränen, welche A. Penck (Alpen im Eiszeitalter, S. 127 ff.) als Niederterrassenschotter und Jungmoräne bezeichnet und als vor und während der Würmeiszeit entstanden erklärt. Die Bedeckung der Kohlenflöze durch eiszeitliche Ablagerungen ist einwandfrei festgestellt. Die Kohlen müssen also mindestens vor der letzten Eiszeit entstanden sein. Gehören sie nun in die Riß-Würm-Interglazialzeit oder sind sie älter? Ihrer Lagerung über dem Flinz nach wäre eine präglaziale Entstehung nicht unmöglich; der Einwand, daß sie dann aber längst durch die Gletscher der folgenden Eiszeiten erodiert worden wären, ist nicht stichhaltig; denn wir sehen ja die Ablagerungen der letzten Eiszeit darüber ausgebreitet, sie wurden also in der letzten Eiszeit nicht erodiert; es könnten also auch die Gletscher der früheren Eiszeiten darüber hinweggeschritten sein, ohne die Kohlen zu zerstören. Trotzdem ist eine voreiszeitliche Entstehung nicht wahrscheinlich; denn das oben angeführte Vorkommen der Lärche spricht dagegen; nach J. Schuster fehlt nämlich die Lärche in allen präglazialen Ablagerungen. Also bleibt nur die Entstehung in einer Zwischeneiszeit im Bereiche der Möglichkeit; aus verschiedenen Gründen, deren Erläuterung hier zu weit führen würde, besonders aber aus der im Vergleich zu den übrigen interglazialen Kohlen wenig festen Konstitution und dem jungen Aussehen ist die Entstehung vor der letzten Vergletscherung, also in die Riß-Würm-Interglazialzeit zu setzen.

Am Schlusse der Eiszeit waren die Schotter- und Moränenablagerungen in einer ununterbrochenen Decke über das Zungenbecken des Inngletschers ausgebreitet; seitdem hat sich der Inn ein tiefes Bett in diese Schotter- und Moränendecke bis auf den Flinz hinunter hindurchgenagt, und auf diese Weise die interessanten Kohlenbildungen aufgeschlossen.

II.

Die technisch-wirtschaftliche Auswertung der bayerischen Braunkohlenvorkommen.

Bearbeitet von Oberbergrat Dr. **W. Fink** und Bergmeister **Paul Ertl.**

A. Die wirtschaftlichen Verhältnisse des bayerischen Bergbaues auf jüngere Braunkohlen.

Einleitung.

Welterschütternde Kriege vermindern das Eigentum der Völker an den Sachgütern und verschieben die Besitzrechte an den Naturschätzen. Bis in das Leben des einzelnen hinein verändert sich das Verhältnis zwischen Bedarf und Bedarfsdeckung.

Vor dem Weltkriege wurzelte die deutsche Kraft in den Bodenschätzen Kohle, Eisen und Kali. Der Friedensschluß hat diese Grundlagen stark geschmälert. Unsere bayerische Heimat, welche von jeher arm an wertvolleren Lagerstätten war, hat ihre besten Steinkohlenvorkommen verloren. Die verbliebenen Braunkohlen wurden früher wenig geschätzt und der überwiegende Teil davon, die jüngeren Braunkohlen, galten als minderwertig.

Bayern war der Tummelplatz des Wettbewerbes außerbayerischer Kohlen. Es vermochte sich infolgedessen in ausreichendem Maße und zu erträglichen Preisen mit Saar-, Ruhr-, schlesischen, sächsischen und böhmischen Kohlen ohne Schwierigkeit zu versorgen. Gleichwohl entstanden bereits in jener Zeit des Überflusses an hochwertigen Brennstoffen Bergbaue auf jüngere Braunkohlen; die heutige Brennstoffnot hat ihnen eine weitgehende Beachtung in der breitesten Öffentlichkeit gesichert und sie spielen gegenwärtig in der bayerischen Brennstoffversorgung eine erhebliche Rolle. Wir hoffen aber, daß uns die Hand unserer Feinde nicht auf immer den hochwertigen Brennstoff zumessen wird. Dann wird Bayern wiederum ein Kampfplatz der fremden Kohlen werden können. Der Bergbau auf jüngere Braunkohlen wird künftig noch mehr als vor dem Kriege im uneingeschränkten Wettbewerb der Steinkohle gegenüber stehen. Es ist daher angebracht, das technische und wirtschaftliche Rüstzeug zu betrachten, mit welchem er der Zukunft entgegentritt.

1. Das Wesen der jüngeren Braunkohle.

Die folgenden Darlegungen beschäftigen sich ausschließlich mit **Roh**-Braunkohle, über die Veredelung wird in einem späteren Abschnitt gesprochen werden.

Zunächst ist es notwendig, Klarheit über das Wesen der Braunkohle als Brennstoff, die Bedingungen ihrer Gewinnung und die Möglichkeiten ihrer Veredlung zu bekommen. Als Vergleichsgrundlage werden wir die Steinkohle benutzen müssen. Für die Beurteilung eines Brennstoffes ist in erster Linie der Wärmepreis maßgebend, der bei seiner Verwendung erreicht werden kann. Dieser gründet sich wesentlich auf den Heizwert, d. h. die im Brennstoff enthaltene ausnutzbare Wärmemenge. Fügt man noch die Kosten der Verfeuerung und der Abzahlung und Verzinsung der Dampferzeugungsanlage dazu, so erhält man unter Berücksichtigung der wirklichen Leistungsfähigkeit der Kessel von Fall zu Fall den Dampfpreis. Dieser bildet die Grundlage für die Gestehungskostenberechnungen der Dampfkraft.

Der Heizwert hängt einerseits ab von dem Gewichtsanteil, anderseits von der Form und dem gegenseitigen Verhältnis der brennbaren Bestandteile der Kohle. Über die Zusammensetzung und den Heizwert verschiedener in Bayern in technischen Feuerungen verwendeter Steinkohlen, älterer und jüngerer Braunkohlen geben die Tabellen „Kohlenuntersuchungen und Verdampfungsversuche" Auskunft. (S. Seite 123—128.)

Die abgedruckten Beispiele wurden nicht besonders ausgewählt und sollen im allgemeinen zum Vergleich der verschiedenartigen jüngeren Braunkohlen mit den älteren Braunkohlen und den Steinkohlen dienen. Selbstverständlich darf daraus nicht etwa ein Urteil für den Einzelfall abgeleitet werden; es ist auch über die ausschlaggebende Art der Probenahme nichts gesagt und die Tabellen sind auch nicht für strenge wirtschaftliche Vergleichbarkeit eingerichtet. Stets ist der sog. „untere" Heizwert angegeben, d. h. jene Wärmemenge, welche gewöhnlich in den Feuerungen nutzbar gemacht werden kann; dabei wird das eigene Wasser des Brennstoffes unter einem erheblichen Verbrauch der erzeugten Wärme verdampft und durch den Schornstein abgeführt. Der sog. „obere" Heizwert ist bei wasserreichen Kohlen, also vor allem bei der Rohbraunkohle, um mehrere hundert Wärmeeinheiten höher. Er setzt dabei die Rückgewinnung der Verdampfungswärme für das eigene Wasser voraus. Das kommt zwar manchmal, meist jedoch unfreiwillig, in der Praxis vor, und führt fast immer zu sehr großen Unzuträglichkeiten.

Aus den Zusammenstellungen ist zu entnehmen, daß jüngere Braunkohlen im großen Ganzen überall hinsichtlich ihres Gehaltes an brennbaren Bestandteilen ziemlich gleichwertig sind. Stark wechselnd ist je nach der Lagerstätte der Anteil an Wasser, welcher der praktischen Verheizung dieses Brennstoffes große Schwierigkeiten bereitet. Außerdem sind die bayerischen jüngeren Braunkohlen ziemlich arm an sog. bituminösen Beimengungen, also an Stoffen, welche in Form von teer- und ölartigen Erzeugnissen gewonnen und nutzbar gemacht werden können.

Wir sehen, daß für eine bestimmte Wärmemenge an jüngerer Braunkohle rund das $4\frac{1}{2}$ fache Gewicht von guter Steinkohle gewonnen, gefördert, verladen, versandt und verbrannt werden muß. Dem entspricht auch je nach der Körnung ein Vielfaches des Raum inhaltes der Steinkohle. Es werden also von den maschinellen Transporteinrichtungen nicht nur erheblich größere Kraftleistungen, sondern auch sehr viel größere räumliche Abmessungen gefordert. Die Verfrachtungskosten wachsen mit der Entfernung und dem Gewicht zugleich, so daß die Versendung z. B. einer Million Wärmeeinheiten bei Rohbraunkohle sehr viel teurer ist, als bei Steinkohle. Der Wettbewerb beider Brennstoffe verlangt, daß der Dampfpreis sich schließlich einigermaßen gleichstellt, oder daß ein Überpreis durch andere Vorteile ausgeglichen wird. Bei der Rohbraunkohle müssen für die Verfeuerung erheblich größere Löhne aufgewendet oder leistungsfähigere, also in der Regel auch teuerere maschinelle Einrichtungen beschafft werden. Gleichwohl ist die Arbeitsweise der Kessel stark wechselndem Dampfbedarf schwierig anzupassen. Zur raschen Erzeugung großer Dampfmengen können in die Feuerzüge die notwendigen Wärmemengen nur unter Aufwand großer Kohlenmassen geschafft werden. Dadurch werden aber die Verbrennungsbedingungen auf dem Rost wiederum stark verändert, die Luftzufuhr muß in weiten Grenzen neu geregelt werden; die Rohbraunkohle entzündet sich wegen ihres hohen Gehaltes an Wasser nur sehr schwer, da dasselbe vorher restlos verdampft werden muß und dabei der vorhandenen Glut die erforderliche Wärme entzieht. Es kommt also leicht dazu, daß eine übereilte Zufuhr frischer, feuchter Braunkohlen das Feuer vermindert anstatt vermehrt. Es ist allerdings der deutschen Technik gelungen, durch wärmestrahlende Gewölbe und andere Einrichtungen die Rohbraunkohle zwischen dem Kesselbunker und der eigentlichen Brennzone auf dem Rost soweit vorzutrocknen, daß bei nicht allzu hohen Anforderungen durchaus befriedigende Verdampfungsleistungen im Dauerbetrieb erzielt werden können. Hierzu ist jedoch die Anpassung der Feuerungen an die Bedingungen, welche die Rohbraunkohle stellt, erforderlich.

Diese ungünstigen Eigenschaften werden durch folgendes noch weiter vermehrt. Die Lagerung großer Vorräte von Rohbraunkohle ist schwierig. Zunächst zerfällt die Rohbraunkohle unter dem Einfluß der Witterung leicht zu Mulm und Staub. In diesem Falle erleidet sie in der Feuerung große Verluste, indem sie durch den notwendigen starken Luftstrom vielfach unausgenutzt fortgerissen wird oder bei ungeeigneten Rosten unverbrannt durchfällt. Außerdem entzündet sich die Rohbraunkohle in unzweckmäßigen Lagerräumen, namentlich im Freien, infolge innerer chemischer Vorgänge gerne im Laufe der Zeit von selbst. Es ist also ein gesicherter regelmäßiger Frachtverkehr zwischen dem Gewinnungs- und dem Verbrauchsort unerläßlich, nachdem größere Reserven nicht leicht gehalten werden können und für die aushilfsweise Verwendung anderer Brennstoffe wiederum die Braunkohlenfeuerungen nicht geeignet sind.

Als Brennstoff ist daher die jüngere Rohbraunkohle der Steinkohle in jeder Hinsicht unterlegen. Ihr Preis muß demnach ganz erheblich geringer sein, wenn ein Anreiz zu ihrer Verwendung bestehen soll.

2. Die Gewinnung der Rohbraunkohle.

Bei dem geringen inneren Wert, dem niedrigen Preis und der Schwierigkeit des Absatzes der Rohbraunkohle, müssen die darauf bauenden Bergwerke mit wesentlich günstigeren Gewinnungsbedingungen rechnen können, als bei der hochwertigen Steinkohle. Flöze von Mächtigkeiten, bei denen Steinkohle noch mit sehr guten wirtschaftlichen Ergebnissen ausgebeutet werden kann, sind bei Braunkohle oft schon vollkommen unbauwürdig. Es kommen also nur verhältnismäßig wenige der vielen bekannten Ablagerungen für die Ausnutzung überhaupt in Betracht.

In Norddeutschland und im Rheinlande kennt man Braunkohlenablagerungen in geringer Tiefe unter der Erdoberfläche und von leicht gewinnbaren Bodenmassen überdeckt in Mächtigkeiten bis zu 100 m ohne wesentliche Zwischenmittel. Die bayerischen Braunkohlenvorkommen zeigen an keiner Stelle derartig günstige Verhältnisse. Indessen haben auch wir Flözmächtigkeiten von im Mittel zwischen 10 und 25 m und darüber und dabei erhebliche Vorräte von Kohle, so daß auch bei uns die in den größeren Braunkohlenbergbaurevieren üblichen Abbauweisen angewendet werden können.

Um zu der in den meisten Fällen annähernd wagrecht auf größere Erstreckung hin in ehemaligen Geländewannen ruhenden Kohle zu gelangen, müssen die darüber befindlichen sandigen und tonigen Schichten abgeräumt werden. Dieselben sind oft mächtiger als die Kohle selbst. Das Verhältnis zwischen Flözmächtigkeit und Abraumhöhe entscheidet über die Möglichkeit eines Tagebaubetriebes oder die Notwendigkeit einer Gewinnung im Tiefbau. Je nach der leichteren oder schwierigeren Gewinnbarkeit der Überdeckungsmasse kann bei der heutigen Ausbildung der Tagebautechnik eine drei- und mehrfache Raummenge der Überdeckung mit wirtschaftlichem Erfolg beseitigt werden. Die darunter anstehende Kohle kann so viel billiger gewonnen werden, so daß die Aufwendungen für die Freilegung sich bezahlt machen. Es handelt sich aber in allen Fällen um die Förderung außerordentlich großer Gewichte, so daß die Transporteinrichtungen für die unbrauchbaren Abraummassen vielfach umfangreicher sein müssen, als jene für die nutzbare Kohle. Der Abraum muß zudem noch gelagert werden. Bei ungünstigen Verhältnissen ist die Aufschüttung ausgedehnter Halden nicht zu umgehen, wodurch große kulturelle Bodenflächen ihrem eigentlichen Zweck dauernd entzogen werden. Das Bestreben geht daher überall dahin, die ausgekohlten Ausschachtungen wiederum zu füllen. Die Wiederanschüttung bietet auch die Möglichkeit, den seinerzeit entfernten Mutterboden über den verstürzten Grubenräumen aufzubringen und die durch Ausbeutung der Ablagerung zerstörten Kulturen wieder herzustellen.

Die Gewinnung der Abraummassen erfolgt in der Regel durch maschinelle Bagger mit elektrischem oder Dampfantrieb. In Gebrauch sind sog. Eimerkettenbagger — auch unter der Bezeichnung Lübecker oder C-Bagger bekannt — und Löffelbagger oder Dampfschaufeln.

Die Eimerkettenbagger vermögen von ihrem Stand- und Verladegleise aus gesehen sowohl eine Böschung nach der Tiefe zu als auch aufwärts, wie auch eine wagrechte Fläche zu bearbeiten. Sie bestehen aus einem auf Schienen verschiebbaren und auf Rädern laufenden Maschinenhaus, an dessen einer Seite ein leiterartiger Arm eine endlose Kette mit Eimern über den Arbeitsstoß hinwegführt. Diese Kette wird maschinell bewegt. Dabei schleifen die Eimer auf dem Arbeitsstoß, reißen die Bodenmassen los und bringen sie ins Innere des Maschinenhauses, wo sie durch einen Verladetrichter in einen darunter gestellten Abraumzug fallen. Die Dampfschaufel besteht aus einem fahrbaren und nach allen Richtungen drehbaren Maschinenhäuschen, mit welchem durch eine Anordnung von zwei beweglichen Armen der kübelförmige, mit Zähnen versehene Löffel verbunden ist. Durch Flaschenzüge kann man den Löffel heben und senken, durch ein Zahnradgetriebe mit Hilfe einer Zahnstange vor- und zurückschieben. Die Dampfschaufel kann mit besonderem Vorteil von ihrem Standplatz aus emporgehende Böschungen bearbeiten. Sie ist aber auch imstande, sich allmählich mit ihrem Maschinenhaus immer tiefer in den Erdboden einzugraben und von der Erdoberfläche nach dem Kohlenflöz nieder sich den Weg selbst zu bauen. Sie nimmt das hinter ihr freiwerdende Gleisstück selbst auf und legt es vorne auf ihrem weiteren Weg nieder. Während der Eimerkettenbagger nur lange, geradlinige Böschungen bearbeitet und infolgedessen auch entsprechend große und gleichmäßige Ablagerungen erfordert, kann die Dampfschaufel allen verhältnismäßig kleinen Krümmungen folgen. Ihre Leistungen sind allerdings entsprechend geringer.

Die maschinelle Abräumungsarbeit kann jedoch den Unebenheiten der Flözoberfläche sich oft nicht genügend anpassen. Es müssen deshalb noch häufig ausgedehnte Säuberungsarbeiten von Hand vorgenommen werden, um beim späteren Abbau Verunreinigungen der Kohle zu vermeiden. Außerdem treten vielfach aus den durchlässigen sandigen Deckgebirgsschichten am Rande des Abraumstoßes die Grundwasser mehr oder minder stark aus und reißen Sand und feinen Kies mit sich. Dadurch werden die Abraumböschungen in ihrer Standfestigkeit oft erheblich beeinträchtigt. Man versucht die festen Bestandteile durch Faschinengeflecht und ähnliche Filtriereinrichtungen zwar zurückzuhalten, hat aber dennoch häufig erhebliche Mengen davon von der Flözoberfläche nachträglich mit der Hand zu beseitigen.

Die Abraummassen werden in eigenen Abraumzügen durch Lokomotiven zur Kippe im ausgekohlten Tagebau oder auf die Halde verbracht. Dazu sind ausgedehnte Gleisanlagen notwendig, welche auf langen Rampen vom Tagebaurande zu den Böschungen der Kippe führen.

Das abgeräumte Flöz wird im Tagebaubetrieb in verschiedener Weise abgebaut, die durch die Beschaffenheit der Kohle, durch die Reinheit oder den Gehalt an Zwischenmitteln, durch die Mächtigkeit der zusammenhängenden Kohlenschichten und durch eine Reihe anderer Bedingungen vorgeschrieben wird.

Sehr mächtige reine Ablagerungen von großer Längsausdehnung können mit hervorragendem Erfolge durch Eimerkettenbagger bearbeitet werden. Kleinere und unregelmäßigere Flözteile, insbesondere Ausbuchtungen der Wannen und das Ausgehende sind geeignet für den Löffelbagger. Diese Maschine vermag auch noch jene Lagen zu gewinnen, welche von Baumstrünken und Baumstämmen durchsetzt sind, weil sie an beliebiger Stelle ihre Arbeit unterbrechen und unbearbeitbare Stellen ohne Schwierigkeit umgehen kann. Tonmittel oder Sandnester bereiten stets große Schwierigkeiten, weil sie wegen ihrer oft unregelmäßigen Form nur mühsam oder gar nicht ausgehalten werden können, aber die Kohle wesentlich verschlechtern und für manche Zwecke überhaupt unbrauchbar machen. Holzige Einlagerungen, welche manchmal in größeren Mengen vorkommen, sind vielfach sehr zäh und widerstandsfähig und müssen in umständlicher Handarbeit aus dem Zusammenhang des Flözes herausgelöst werden, wenn die Maschine sie nicht loszureißen vermag.

Mächtigere Zwischenmittel erfordern die völlige Trennung des Abbaues der unter und über ihnen liegenden Flözteile. Dadurch wird in manchen Fällen die maschinelle Bearbeitung örtlich unwirtschaftlich, weil zu geringe Kohlenmengen anstehen, um den Bagger an einem Platz längere Zeit zu beschäftigen. Häufige Verschiebungen oder gar Verlegungen der maschinellen Gewinnungsvorrichtungen verteuern aber den Betrieb ungemein.

Der Abbau mittels Handarbeit kann sich den wechselnden Bedingungen selbstredend am innigsten anpassen. Der Arbeiter vermag auch kleinere Verunreinigungen zu erkennen und auszuhalten und kann erforderlichenfalls die Kohle schon bei der Gewinnung nach ihrer Beschaffenheit trennen, indem er die holzigen, für manche Zwecke nicht geeigneten Bestandteile gesondert verlädt. Je günstiger sich das Flöz für einen maschinellen Betrieb gestaltet, desto mehr kann auch mit Menschenkräften geleistet werden. Die Entscheidung, ob man der einen oder der anderen Abbauweise mit Vorteil den Vorzug gibt, hängt von einer sehr genauen Kenntnis der örtlichen Verhältnisse und der allgemeinen Arbeitsbedingungen des Bergwerkes, insbesondere auch der Tüchtigkeit und Zuverlässigkeit der Arbeiterschaft ab.

In mächtigen Flözen ist die Anordnung des Abbaues von Hand meist folgende: In dem steilen Kohlenstoß werden Schlitze von Mannesbreite und ziemlicher Tiefe von der Oberfläche des Flözes bis zur Tagebausohle niedergebracht. Das untere Ende wird mit einer kurzen unterirdischen Strecke unterfahren, welche mindestens einen Kohlenwagen aufnehmen kann. Darauf werden die Schlitze auf der Vorderseite durch Bohlenwände auf einige Meter Höhe verschlossen und bilden so eine Art Vorratsschacht. Es wird sodann am oberen Ende des Schlitzes alle erreichbare Kohle hereingehauen, herabgestürzt und kann unten im untergestellten Wagen an einer Abfüllöffnung mühelos abgezogen werden. Auf diese Weise entsteht allmählich eine immer weitere trichterförmige Ausschachtung. Die Kohlengewinnung an einer Stelle wird aufgegeben, wenn infolge der flacher und flacher werdenden Böschungen das losgehauene Material nicht mehr abrutscht und mehr und mehr geschaufelt werden muß. Eine Reihe solcher nebeneinander angelegten Trichter, welche den Namen „Schurren" führen, hinterlassen beim Übereinandergreifen der Ränder zum Schluß eine Anzahl etwa 2 Mann hoher Rippen. Diese Reste müssen nun in etwas umständlicherer Weise mit Hacke und Schaufel oder mit Löffelbaggern abgebaut werden.

In Braunkohlenbergwerken mit einer Anzahl durch mächtigere Zwischenmittel getrennter Flöze von geringem Kohlenreichtum ist diese Abbauweise natürlich nicht anwendbar, weil auch sie die Aushaltung tauben Materials gar nicht oder nur sehr unvollkommen ermöglicht. Es muß in diesem Falle zu einem förmlichen Terrassenabbau gegriffen werden. Die Arbeit auf den einzelnen Stufen ist dann nach den örtlichen Bedingungen so wechselnd, so daß eine eingehendere Schilderung hier zu weit führen würde. Beispielsweise kommt bei geringeren Flözmächtigkeiten, welche ein Wegfüllen vom Stoß in den Förderwagen gar nicht mehr oder nur schwierig ermöglichen, auch im Tagebaubetrieb Sprengarbeit vor. Die losgerissenen Massen müssen dann eben vom Boden aus mit einem erheblichen Mehraufwand an Arbeit aufgeladen werden.

Auch beim Tagebaubetrieb werden ausgedehntere unterirdische Arbeiten durch die notwendige Vorentwässerung der Flöze erforderlich. Es müssen von den ersten bis auf die künftige Tagebausohle niederreichenden Einschnitten oder Ausschachtungen aus Strecken nach den Stellen im Flöz getrieben werden, an denen der Abbau zuerst beginnen soll. In diesen Hohlräumen sickert aus der Kohle das Wasser zusammen und wird mit Pumpen weggeschafft. Auf diese Weise kann die natürliche Feuchtigkeit des Flözes nicht unwesentlich vermindert werden, was immerhin eine Rolle spielt.

Die gewonnene Kohle wird beim Baggerbetrieb maschinell, beim Betrieb mit Schurren von Hand in Förderwagen verladen. An die Arbeitsstöße werden in der Regel Kettenbahnen herangeführt, welche die Förderwagen heran- und wegtransportieren.

Besitzen die Bodenmassen der Überlagerung eine solche Zähigkeit, daß ihre Beseitigung unverhältnismäßige Schwierigkeiten macht, oder sind sie so mächtig, daß die darunter freizulegende Kohle die Abdeckungskosten nicht mehr zu tragen vermag, so muß in vielen Fällen die Braunkohle auch im Tiefbau gewonnen werden. Die bergbauliche Arbeitsweise ist hier jener der Steinkohlengruben ziemlich ähnlich. Es ist aber leicht verständlich, daß bei dem geringen Wert der Rohbraunkohle nur die allerbilligsten Gewinnungsarten, bei welchen Erhaltungsarbeiten für das Grubengebäude in weitestem Maße erspart werden können, in Betracht kommen. In den meisten Fällen wird der sog. Bruchbau angewendet. Hierbei wird von den möglichst in der Mitte der Lagerstätte aufgefahrenen Richtstrecken aus mit Seitenstrecken bis an das Ausgehende der Lagerstätte oder die Grenze der Bergwerksgerechtsame vorgegangen und durch Querverbindungen ein Netz von unterirdischen Hohlräumen mit dazwischen verbleibenden Pfeilern geschaffen. Die am weitesten im Felde liegenden Pfeiler werden dann mit Hand oder auch manchmal mit Hilfe von Sprengarbeit hereingewonnen. Das auf diese Weise auf größere Flächen hin unterhöhlte Hangende wird mit Holzstempeln solange unterstützt, bis Einsturzgefahr zu vermuten ist. Sodann wird die Kohlengewinnung beendigt und der Holzausbau geraubt. Das Hangende bricht je nach seiner Zähigkeit oder lockeren Beschaffenheit allmählich oder plötzlich herein und verfüllt die ausgekohlten Räume. Sobald sich in der Nähe des Bruches das Gebirge beruhigt hat, kann man den nächsten Kohlenpfeiler auf die gleiche Weise in Angriff nehmen.

Das Einsinken des Hangenden macht sich bei der meist geringen Tiefe der Braunkohlengruben natürlich bis zur Erdoberfläche zerstörend bemerkbar. Nach dem Bergrecht hat der Bergwerksbesitzer dem Grundeigentümer allen Schaden, der aus dem Bergbaubetriebe erwächst, zu ersetzen. Es ist ohne weiteres klar, daß der Bruchbau in Gegenden mit wertvollem Grund und Boden, etwa unter Ackerland, mit wirtschaftlichem Erfolg nicht betrieben werden kann, weil auf der geförderten Tonne Kohle ein allzu hoher Anteil für Entschädigungen lasten würde. So günstig diese Abbauweise in lignitischen Flözen mit leicht nachbrechendem Hangenden durchzuführen ist — man braucht für den Streckenausbau so gut wie kein Holz —, so ungünstig gestalten sich die Aufwendungen für die Zimmerung in Flözen mit mürbem, brüchigem Kohleninhalt und tonigem, druckhaftem Hangenden. Befinden sich mehrere wagrecht gelagerte Flöze untereinander, so werden sie wegen der an sich geringen Förderleistung im Tiefbaubetrieb meist zu zweien oder dreien gleichzeitig zum Abbau kommen. Es entstehen also untereinander verschiedene sich überdeckende Netze von Hohlräumen, welche für eine verschieden lange Benutzungsdauer erhalten werden müssen und hinsichtlich der Festigkeit ihrer Kohlenabbaustöße nicht gestört werden dürfen. In solchen Fällen bringt der Bruchbau mancherlei unliebsame Schwierigkeiten. Es muß peinlichst vermieden werden, daß der nach oben sich immer mehr erweiternde Bruchbereich tieferer Abbaue allenfalls die in den höheren Sohlen noch nicht ausgebeuteten Lagerstättenteile in Mitleidenschaft zieht. Der geringe Wert der Braunkohlen gestattet in der Regel nicht, daß solche beschädigte Flözteile mit größeren Kosten noch ausgebeutet werden.

Tiefbaumethoden mit Ausfüllung der ausgekohlten Räume haben wegen ihrer Kostspieligkeit nur eine sehr engbegrenzte Bedeutung und können hier übergangen werden.

Ein wichtiger Punkt bei der Beurteilung der Braunkohlenlagerstätten sind die bei den anwendbaren Abbaumethoden zu erwartenden Abbauverluste. Auch der Tagebaubetrieb muß mit solchen rechnen. An den geneigten Böschungen des Ausgehenden stellen sich namentlich bei Unterlagerung mit Tonen gerne ausgedehnte Rutschungen ein, sobald durch den Abbau der Sockel des Kohlenstoßes auf der Tagebausohle mehr und mehr entfernt wird. Hierbei zerbrechen die noch vorhandenen randlichen Teile des Kohlenflözes vielfach in kleinere oder größere Schollen und das Deckgebirge stürzt in die entstehenden Klüfte nieder, wenn es nicht vorher bis über den Rand des Flözes hinweg abgeräumt ist. Derartig mit unbrauchbarem Material vermischte Kohle ist einerseits meistens nicht mehr gewinnbar und kaum zu verwerten; anderseits führt die weitgehende Zertrümmerung namentlich im Sommer sehr rasch zur Austrocknung, und unter dem Einfluß des überall eindringenden Luftsauerstoffes setzen innere chemische Vorgänge ein, welche die Massen vielfach von selbst entzünden. Solche Brände können sehr großen Umfang annehmen, sind nur mit großer Mühe zu löschen und bilden in jedem Falle eine schwere Beeinträchtigung des Tagebaubetriebes. Weitere Kohlenverluste entstehen durch die Preisgabe von geringmächtigen Kohlenschichten zwischen unbrauchbaren Mitteln. Die Wirtschaftlichkeit des Abraumbetriebes erfordert oftmals die Beseitigung der gesamten Massen einschließlich der Kohleneinlagerungen bis zu den mächtigeren Flözen hinab. Manchmal müssen für Gebäude, Straßen, Eisenbahnen oder zur Erhaltung von Flußdämmen Sicherheitspfeiler stehen gelassen werden; man sucht jedoch von vornherein diese Baulichkeiten aus dem Bereich des künftigen Abbaues fernzuhalten oder zu verlegen. Es sind in solchen Fällen schon ganze Dörfer abgebrochen und an anderer Stelle wieder aufgebaut worden.

In den Tiefbaugruben sind die Abbauverluste vielfach noch größer, jedenfalls aber vielseitiger. Für unterirdische Baulichkeiten, wie Schächte usw., sowie für die oberirdischen Gebäude werden durch die Bergpolizei Sicherheitspfeiler vorgeschrieben, welche in vielen Fällen auch beim Erlöschen des Betriebes nicht mehr abgebaut werden können. Dazu kommt noch, daß bei nicht sehr zweckmäßiger Anordnung des Bruchbaues häufig Kohlenreste auch in den Abbauen selbst zurückgelassen werden müssen und ganze Flözteile durch die Folgen der Gebirgsbewegungen bis zur Unbauwürdigkeit in Mitleidenschaft gezogen werden.

Wie aus dem bisher Gesagten erhellt, ist beim Braunkohlenbergbau eine von vornherein richtige Anordnung der gesamten Abbaumaßnahmen von größter Wichtigkeit, weil der geringe Wert der gewonnenen Massen öftere Betriebsumstellungen nicht erlaubt. Es sind daher vor Inangriffnahme des Bergbaubetriebes, jedenfalls aber dem eigentlichen Abbau weit voranschreitend, eingehende Untersuchungen der Ablagerungen notwendig. Diese erfolgen in der Regel durch die Herstellung eines Netzes von Hunderten von Tiefbohrungen, mit Hilfe deren genaue Schnitte nach allen Richtungen durch die Flöze gelegt werden können. Man muß von Punkt zu Punkt dadurch Klarheit über die Mächtigkeit und mineralische Zusammensetzung der Überdeckung, über die Ausbildung der Kohlenschichten, allenfallsige Zwischenmittel und Einlagerungen, über die Form des Liegenden und die Gestalt der Kohlenmulden selbst erhalten. Wenn auch für derartige Vorarbeiten sehr große Beträge aufgewendet werden müssen, so lohnen sie sich doch in allen Fällen durch Vermeidung falscher Betriebsanordnungen und deren nachträglicher Verbesserung.

3. Die Veredelung der Rohkohle.

Die Schwierigkeiten, welche die unmittelbare Verfeuerung der Rohkohle bereitet, und die geringe Absatzfähigkeit derselben haben frühzeitig zu Versuchen einer Veredelung geführt. Als einfachster Weg erschien die bloße Trocknung. Durch Vertreibung eines Teiles der Feuchtigkeit kann man nicht nur das Brennstoffgewicht etwa um $\frac{1}{4}$ vermindern, sondern den Heizwert auch um einige 100 WE erhöhen. Indes haben mancherlei in dieser Richtung angestellte Versuche für den Großbetrieb doch verschiedene Schwierigkeiten gezeigt, welche ein Weiterarbeiten in dieser Richtung nicht aussichtsreich erscheinen ließen. Man braucht ja nur an die zu verarbeitenden ungeheuren Fördermengen denken, um einzusehen, welch große Trocknungsanlagen erforderlich sind, um ein paar hundert Wärmeeinheiten zu gewinnen, wobei die ungünstigen physikalischen Eigenschaften doch nicht erheblich geändert werden.

Etwa in den fünfziger Jahren des vorigen Jahrhunderts ist in Deutschland zum erstenmal in größerem Maßstab der Versuch durchgeführt worden, die ziemlich stark getrocknete Kohle auf mechanischem Wege zusammenzupressen und ihr so die Dichte und den Heizwert hochwertiger Kohlen zu verleihen. Es ist auf diese Weise gelungen, den Kohlenstoffgehalt von mehreren Kilo Rohbraunkohle in einen verhältnismäßig kleinen und handlichen Ziegel zu sammeln, welcher von der ursprünglichen Wassermenge der Rohkohle nur mehr einen Bruchteil besitzt. Dieser Kohlenziegel, auch Brikett genannt, ist hart und zerbricht in kantige Stücke, wie Kohle. Seine Entzündlichkeit und die Beschaffenheit seiner Asche sind durchaus günstig. Der Heizwert erreicht 4000 bis 5000 WE. Bei geeigneter Beschaffenheit und richtiger Herstellung verträgt er auch eine längere Lagerung, ohne zu zerfallen, und behält in der Feuerung seine Form bei. Er stellt dadurch und wegen seiner Gleichmäßigkeit einen äußerst wertvollen Brennstoff für gewisse Industrien dar. Im Hausbrand ist das Brikett beliebt wegen der Leichtigkeit seiner Aufbewahrung, der Reinlichkeit seiner Handhabung und der Nachhaltigkeit in den Öfen bei richtiger Behandlung.

Zur Brikettherstellung ist aber keineswegs jede Rohbraunkohle geeignet. Im Gegensatz zur Steinkohlenbrikettierung wird ein bindender Zusatz im allgemeinen vermieden, weil er im Verhältnis zu dem immerhin nicht allzu hohen, am Ende erreichbaren Heizwert doch zu viel Kosten verursacht. Dafür gewinnen die schon erwähnten bituminösen Bestandteile, welche in Form von teer- und ölartigen Stoffen aus der Rohbraunkohle ausgeschieden werden können, bei einem gewissen Wärmegrad und unter einem gewissen Druck die Eigenschaft eines Bindemittels. Die Festigkeit des entstehenden Briketts ist also auch vom Bitumengehalt der Rohkohle abhängig.

Nachteilig in der Brikettfabrikation machen sich lignitische Bestandteile wegen der Elastizität der eingelagerten Holzfasern geltend. Diese stauchen sich unter dem Druck der Presse zwar zusammen, dehnen sich aber allmählich wieder aus und lockern das Gefüge. Auch ein gewisser Tongehalt kann sich stellenweise unliebsam bemerkbar machen. Die beim Brikettierungsvorgang angewendete Wärme reicht nicht aus, um seine kolloidalen Eigenschaften zu zerstören, so daß er später trotz der Trocknung wieder Wasser aufnimmt, quillt und ebenfalls den Zusammenhalt des Briketts zerstört. Ein Gehalt an Schwefeleisen, welcher ab und zu auftritt, kann in ähnlicher Weise die Zerstörung der Kohlenziegel bei längerem Lagern herbeiführen. Die durch den Einfluß von Luft und Feuchtigkeit sich bildenden Umwandlungsprodukte vergrößern ihren Rauminhalt und zerreissen dabei gleichfalls den Zusammenhang der übrigen Bestandteile.

Der Vorgang bei der Briketterzeugung wickelt sich im allgemeinen in folgender Weise ab: Die grubenfeuchte Rohkohle wird zunächst auf Walzwerken gequetscht und zerkleinert, so daß sich mulmige und holzige Bestandteile über geeigneten Sieben voneinander sondern lassen. Splitterige und faserige Bestandteile werden den eigenen Kesselanlagen des Werkes zugeführt, während die feineren Graupen und der Mulm den Weg in die Brikettfabrik nehmen. Zur Feuerungskohle wird auch von vornherein die sandige, tonige oder sonst unbrauchbare Rohkohle gegeben werden, wenn sie irgendwie schon in der Förderung ausgehalten werden kann. Die bisher geschilderte Einrichtung wird als Naßdienst bezeichnet, weil sie ausschließlich grubenfeuchte Kohle verarbeitet.

Ein Wassergehalt von 60 und mehr vom Hundert des Gewichtes, wie er sehr häufig vorkommt, würde die wechselseitige innige Bindung der Kohleteilchen in der Presse verhindern. Es wird daher das sortierte Gut dem sog. Trockendienst zugeführt, welcher die Beseitigung der überflüssigen Wassermenge zu besorgen hat. Die feine Kohle wird über eiserne Dörreinrichtungen hinweggeführt und entnimmt denselben die nötige Ver-dunstungswärme. Bei den sog. Tellertrocknern werden eine Reihe übereinander angebrachter Teller, zwischen welchen niedriggespannter Dampf strömt, angewendet; die Röhrentrockner enthalten in umlaufenden Dampftrommeln mit schräger Drehachse eine Anzahl von Röhren, durch welche die feine Kohle von der einen nach der anderen Stirnseite gleitet. Der austretende Dunst wird durch Ventilatoren abgesogen und durch Schlote ins Freie geführt. Diese Schlote mit ihren mächtigen grauen Qualmwolken bilden das weithin erkennbare Wahrzeichen jeder Brikettfabrik. Mit der Abnahme der Feuchtigkeit steigert sich die Entzündlichkeit des vorwärts bewegten Kohlenpulvers. Die Graupen zerfallen teilweise zu feinem Staub und bieten dabei dem Luftsauerstoff eine immer größere Oberfläche. In den letzten Stufen erfolgt die Trocknung bereits unter Bedingungen, bei welchen Explosionen jederzeit möglich sind und nur durch die sorgfältigsten Gegenmaßregeln verhindert werden können. In vielen Fällen wird der getrockneten Kohle die mitgeführte Wärme entzogen. Sie wird dabei in eigenen Kühlhäusern in Rieseleinrichtungen der frischen Luft ausgesetzt und abgekühlt. Damit wird ihre Entzündlichkeit und die Gefahr einer Explosion großer Mengen bedeutend herabgesetzt.

Die letzte Stufe ist das Pressen, d. h. die eigentliche Herstellung des festen Briketts. Die Presse besteht aus einem von gepanzerten Wänden umgebenen Hohlraum, in welchen von der Rückseite ein eiserner Stempel hineingedrückt werden kann, während auf der Vorderseite eine Öffnung von der Form des entstehenden Ziegels dessen Umriß bestimmt. Der stählerne Stempel sitzt auf der Kolbenstange einer kräftigen Dampfmaschine. Schwere Schwungräder gleichen die außerordentlich schwankende Belastung zwischen dem Vor- und Rückgang des Stempels aus. Die in dicht geschlossenen Trichtern über dem Pressenraum angesammelte feine, trockene Rohkohle wird durch geeignete Vorrichtungen in bestimmten Mengen abgemessen, in den Hohlraum vor dem Stempel gebracht und dort auf einen kleinen Raum zusammengedrückt. Die vordere Öffnung ist beim Beginn der Arbeit mit Holzkeilen verschlossen, so daß der nötige Gegendruck vorhanden ist. Im weiteren Verlauf bleiben die entstehenden Kohlenziegel zu Hunderten in einer Rinne voreinander liegen und werden mit jedem Pressenstoß um eine Breite weitergeschoben. Die starke Reibung, welche sie dabei am Boden und an den Wänden der Rinne erleiden, übt den erforderlichen Widerstand auf die Preßkopföffnung aus. Die Brikettrinnen, welche aus dem Pressenhaus heraus über weite Hofräume hinweg bis zum Eisenbahnwaggon oder bis zum Flußschiff führen, bilden ein weiteres auch dem Laien auffallendes Kennzeichen einer Brikettfabrik.

So sehr das Brikett als Brennstoff beliebt ist, so sind die Meinungen doch sehr geteilt, ob vom wirtschaftlichen Standpunkte aus die Herstellung von Briketts wünschenswert ist oder nicht. Die in mehreren Tonnen Rohkohle enthaltene Kohlenstoffmenge wird zwar dem Verbraucher in einer für die Verfeuerung geeigneten Beschaffenheit zugeführt. Dagegen kostet die Beseitigung der Nachteile der Rohbraunkohle, vor allem ihrer hohen Feuchtigkeit, selbst einen beträchtlichen Brennstoffaufwand, der wiederum nur aus der Kohlenförderung des Bergwerkes gedeckt werden kann. Auf diese Weise müssen zur Erzeugung von 100000 t Briketts rd. 300000—400000 t Rohbraunkohle je nach Herkunft verarbeitet bzw. verfeuert werden. Weiter drückt die Wirtschaftlichkeit, daß der Trockendampf einen niedrigen Druck haben muß, also kaum eine Arbeitsfähigkeit besitzt, aber teuer zu stehen kommt. Die größten Wärmemengen können nämlich nicht etwa von einem besonders heißen (hochgespannten) Dampf abgegeben werden, solange er seine Gasform beibehält, sondern werden erst bei der Umwandlung niedergespannten Dampfes in tropfbarflüssiges Wasser frei. Im Kessel wird wiederum die meiste Wärme für die Überführung des Wassers in Dampf, nicht aber für die Erhöhung des Dampfdruckes aufgewendet. Die Erzeugung hoher Dampfspannungen mit hervorragendem Arbeitswert ist nur um ein geringes kostspieliger, jedoch bei der reinen Brikettfabrik an und für sich mangels Bedarfes daran nicht veranlaßt. Der naheliegende Gedanke, in dem Kessel Hochdruckdampf zu erzeugen, ihm seine wertvolle Kraft in nutzbringender Weise zu entziehen und erst

den nicht mehr recht arbeitsfähigen Rest der Spannung den Trockeneinrichtungen zuzuleiten, führte darauf, elektrische Energie zu erzeugen
und den eigenen Kraftbedarf des Werkes auf elektrischem Wege zu
decken. Bei den großen für Trockenzwecke benötigten Dampfmengen
konnte aber viel mehr Energie erzeugt werden, als das eigene Werk bedarf. Man war also auf den Absatz von elektrischer Kraft angewiesen.
So entwickelte sich aus der Braunkohlen-Werkszentrale die Überlandzentrale.

Sehr bald drängte sich die Entscheidung auf, ob der Umfang der
Erzeugung von Kraft und ihres Absatzes von der Höhe des Bedarfes
an Brikettdampf abhängig gemacht werden sollte, oder ob man Rohkohle
darüber hinaus ausschließlich für Kraftzwecke verfeuern sollte. Wie bei
allen gemischten industriellen Werken, verschoben sich die Gesichtspunkte für die Beurteilung des hauptsächlichsten Werkzweckes. Heute
ist der Kampf in vielen Fällen zugunsten der elektrischen Krafterzeugung
entschieden. Es ist lediglich eine kaufmännisch-rechnerische Frage,
ob die Herstellung von Briketts unter Mitwirkung einer sehr kostspieligen
maschinellen Anlage, oder die Verfeuerung von Rohkohle und die Umwandlung ihrer Wärmeenergie in elektrische Energie auf verhältnismäßig einfache Weise privatwirtschaftlich vorteilhafter erscheint. Dieselben Gesichtspunkte gelten für die Beurteilung der Aufgabe, entweder
die Energie auf der Hochspannungsleitung oder die Rohkohle mit der
Eisenbahn und anderen Verkehrsmitteln dem Verbraucher möglichst
billig zuzuführen.

Allgemein volkswirtschaftliche Gesichtspunkte können im Einzelfalle natürlich zu anderen Urteilen führen. Sie werden einerseits die
bestmöglichste Ausnutzung der Kohlenschätze überhaupt, anderseits
aber den Bedarf der verschiedenen Verbraucherkreise an Wärmeenergie
in bestimmter Form, z. B. etwa in Form von Briketts für den Hausbrand
oder für bestimmte Spezialfeuerungen der Industrie in den Vordergrund
stellen. Eine Vereinigung in einem einheitlichen allgemein gültigen
Urteil wird wohl nie erreicht werden können.

Die Beurteilung auszubeutender Lagerstätten an jüngeren Braunkohlen ist also in jedem einzelnen Falle sehr schwierig und die Beachtung
einer ganzen Reihe von technisch-kaufmännischen Gesichtspunkten
notwendig. Brikettfabriken können nur auf größere Ablagerungen mit
geeigneter Rohkohle und einer entsprechenden aufnahmefähigen Umgebung gegründet werden. Dabei wird die Beurteilung des in Aussicht
stehenden Marktes die größten Schwierigkeiten bieten. Elektrische
Überlandzentralen lassen sich mit Brikettfabriken in vielen Fällen
sehr günstig verbinden, weil ihnen Hochdruckdampf mit einem sehr
günstigen Spannungsgefälle billig zur Verfügung steht. Reine Überlandzentralen werden sich je nach ihrer Möglichkeit, fremde Kohlen zuzuführen, weniger nach der Größe ihrer eigenen Kohlenvorräte, als nach
dem Umfang des möglichen Absatzes richten. Der Rohkohlenversand
wird neben all diesen Gesichtspunkten eine sehr schwankende, aber zeitweise ausschlaggebende Rolle spielen. Braunkohlengruben, welche sich

ausschließlich auf den Verkauf ihrer Rohkohlen beschränken müssen, werden stets eine sehr unsichere Grundlage haben und müssen daher ihren Betrieb hinsichtlich seiner Ausdehnungs- oder Einschränkungsfähigkeit schmiegsam gestalten. Es wird immer für sie von höchster Wichtigkeit sein, sich einen, wenn auch örtlich beschränkten, so doch festen Markt zu schaffen, etwa durch innige geschäftliche Verbindungen mit Kohlenverbrauchern, wie Ziegeleien, Tonwarenfabriken, Papierfabriken, Brauereien u. dgl.

In Bayern hat in den letzten Jahren eine regelmäßige rege Aufschlußtätigkeit auf jüngere Braunkohlen stattgefunden. Es geht daraus hervor, daß sich manche der vor dem Kriege geltenden Gesichtspunkte verschoben haben; wir werden im nächsten Abschnitt über die wirtschaftlichen Leistungen des bayerischen Bergbaues auf jüngere Braunkohlen einiges darüber erfahren.

B. Die wirtschaftlichen Verhältnisse und Leistungen des bayerischen Bergbaues auf jüngere Braunkohlen.

Fast bei allen Mineralien, an welchen durch bloßes Finden, Muten und Verleihen ein Eigentum innerhalb bestimmter Flächen ohne Rücksicht auf das bestehende Grundeigentum erworben werden kann, steht der Umfang der vorhandenen Bergwerksfelder außer Verhältnis zu dem darin betriebenen Bergbau. Der Grund liegt in dem menschlichen Bestreben, von anderen nicht ausgenutzte Bodenschätze in die eigene Verfügungsgewalt zu bringen, um vielleicht Vorteile daraus ziehen zu können, ohne dabei ein großes Risiko zu laufen und ein erhebliches Maß von technischer und kaufmännischer Arbeit aufzuwenden.

Nach dem bayer. Berggesetz, vor der Novelle vom 17. August 1918, mußten dem Muter, dessen Fund den gesetzlichen Anforderungen entsprach, Bergwerksfelder auf Kohle in der Größe bis zu 800 ha nach seinem Wunsch verliehen werden, ohne Rücksicht auf die wirkliche oder vermutliche Begrenzung der begehrten Ablagerung. Privatwirtschaftliche Gesichtspunkte durften bei der Verleihung keine Rolle spielen, es mußte lediglich eine vernünftige Möglichkeit der bergmännischen Gewinnung des Minerals angenommen werden können. Die Verleihungspraxis hat diesen letzteren Begriff in denkbar weitherzigstem Sinne ausgelegt. Die Bergbehörde war, veranlaßt durch die ständige Rechtsprechung des Verwaltungsgerichtshofs, gehalten, auch solche Vorkommen zu verleihen, die einen wirtschaftlichen Bergwerksbetrieb niemals gerechtfertigt hätten. Daraus ergibt sich, daß von vornherein aus dem Vorhandensein eines Grubenfeldes nicht auf das Vorliegen einer wirtschaftlich bauwürdigen Lagerstätte geschlossen werden kann. Gerade aus diesem Grunde hat sich die Spekulation oft der Grubenfelder bemächtigt, um entweder durch den Verkauf von solchen mühelos Vermögenszuwachs zu erzielen oder das gleiche durch den Verkauf von Kuxen der auf dieses Objekt gegründeten Gewerkschaft zu erreichen.

Das Berggesetz kannte zwar eine Pflicht zum Betriebe eines Bergwerkes, soferne wichtige öffentliche Interessen einen solchen erforderten; es sah auch eine Entziehung des Bergwerkseigentums vor, wenn einer diesbezüglichen Aufforderung des Oberbergamtes nicht genügt wurde. Jedoch trat dieser Fall früher außerordentlich selten ein, so daß mit dem Erwerb eines Bergwerkseigentums die Absicht bergbaulicher Betätigung noch lange nicht verbunden zu sein brauchte, sondern eine Handelsspekulation mit leicht erlangtem Eigentum an unaufgeschlossenen Bodenschätzen möglich war.

Das verliehene Bergwerkseigentum an jüngeren Braunkohlen verteilte sich Ende 1920 auf die einzelnen Kreise wie folgt:

Kreis	Anzahl der Grubenfelder	Größe in ha	Anzahl der	
			Alleineigentümer	Gewerkschaften
Oberbayern	8	6 728	3	3
Niederbayern	21	12 271	5	5
Rheinpfalz	7	3 623	2	4
Oberpfalz	70	38 149	12	7
Oberfranken	4	1 455	1	1
Mittelfranken	19	7 844	2	3
Unterfranken	—	—	—	—
Schwaben	20	13 612	3	11
Summe:	149	83 682	28	34

Nur in 12 von den 149 Bergwerksfeldern war im gleichen Jahre ein regelmäßiger Betrieb im Gange, während in 6 anderen nennenswerte Aufschlußarbeiten vorgenommen wurden.

Die ausgedehnte Arbeitslosigkeit nach dem Kriege und die wachsende Unsicherheit der heimischen Versorgung mit Bodenschätzen schufen ein unbestreitbares volkswirtschaftliches Interesse an der Betriebsaufnahme überall dort, wo die Ablagerungen sich nur einigermaßen eigneten und versprachen, einer Reihe von Menschen Beschäftigung und Unterhalt zu bieten und unsere Rohstoffnot etwas zu erleichtern. Es wurde daher durch das Berggesetz vom 10. Oktober 1919 die sofortige Eröffnung von Gruben in allen Bergwerksfeldern verlangt; die Nichterfüllung dieses Gebotes wurde mit Entziehung des Bergwerkseigentums bedroht und das Oberbergamt mit besonderen Vollmachten zur raschesten Herbeiführung einer Betriebstätigkeit ausgestattet. Nur beim Vorliegen wichtiger Gründe, welche von Fall zu Fall zu prüfen sind, kann ein kürzerer oder längerer, aber stets begrenzter Aufschub gewährt werden.

Dieses Gesetz erstreckte seine Wirkung auch auf die jüngeren Braunkohlen. Es ist tatsächlich in den allerletzten Jahren an ver-

schiedenen Stellen eine lebhaftere Bergbautätigkeit auf dieses Mineral
entstanden. Indes steht die Zahl der Betriebs- und Aufschlußpunkte
auch heute noch außer Verhältnis zur Größe und Zahl der Bergwerksfelder. Den größeren Unternehmungen, die eine Reihe von zusammenhängenden oder wenigstens nicht zu weit voneinander entfernten
Bergfeldern besitzen, mußte für ihre bedeutenden Fördermengen ein
umfangreicher lagerstättlicher Rückhalt zugebilligt werden, damit sie
bei Erschöpfung der einen Abbaustelle an einer anderen ihre Tätigkeit
fortsetzen können, und entsprechende Zeiträume zur Tilgung der
aufgewendeten Kapitalien verbleiben. Gerade bei der jüngeren Braunkohle ist, wie wir im vorhergehenden Teile gesehen haben, die sorg-
fältigste Berücksichtigung der Marktlage und ihrer Kohlenpreise äußerst
wichtig, wenn nicht ein neu entstehender Bergbau von vornherein den
Todeskeim in sich tragen soll. Die ungünstige Entwicklung des bayerischen Rohbraunkohlenabsatzes um die Wende des Jahres 1920 recht-
fertigt denn auch die maßvolle Zurückhaltung bei der Anwendung der
Zwangsbestimmungen des bayerischen Berggesetzes von 1919.

Nachdem weitaus der größte Teil der in Bayern bekannten oder
vermuteten Braunkohlenlagerstätten auf dem Wege der Verleihung
schon früher in feste Hand gekommen war, bestand wohl kein erheblicher
Anreiz für eine weitere oft sehr kostspielige Aufsuchungstätigkeit, weil
bei den Eigentümlichkeiten des Mutungswesens nicht immer dem-
jenigen das Eigentum an der Lagerstätte zuteil wurde, welcher in ernst-
haftester Weise oder mit den größten Aufwendungen danach gesucht
hatte. Anderseits führte die heutige Wertschätzung der Kohlen dazu,
daß das öffentliche Interesse an noch unaufgeschlossenen Lagerstätten
seitens des Staates in jedem Einzelfalle mehr als bisher zu betonen war.
Durch das Berggesetz vom 17. August 1918 hat sich der bayerische
Staat die Braunkohlen selbst vorbehalten, sich aber zugleich die Befugnis
zuerkannt, einzelne oder Gemeinschaften zur Aufsuchung und Gewinnung
zu berechtigen. Er sieht von dem Nachweis einer Minerallagerstätte
überhaupt ab und sichert dem Konzessionsnehmer ein bestimmtes Gebiet für seine Tätigkeit zu, in welchem er im Gegensatz zum früheren
Mutungswesen durch Andere vollkommen unbehelligt bleibt. Die Ver-
pflichtungen, welche für dieses Recht erwachsen, werden in jedem
einzelnen Falle und den einzelnen Verhältnissen angepaßt durch Vertrag geregelt, so daß das öffentliche Interesse in einer viel eingehenderen
Weise wahrgenommen werden kann, als durch die allgemeinen Be-
stimmungen des Gesetzes gegenüber dem älteren Bergwerkseigentum.
Der Bergbauunternehmer kann sein Risiko erheblich sicherer einschätzen,
als es früher der Muter bei dem heftigen Wettbewerb mehrerer Kon-
kurrenten zu tun vermochte. Es hat daher diese neue Regelung mehrfach
das Gefallen unternehmungslustiger Kreise gefunden, und es sind bereits
6 Braunkohlenkonzessionen mit zusammen rd. 21255 ha Fläche ver-
geben worden.

Die Besitzform im bayerischen Bergbau auf jüngere Braunkohlen
ist, wie auch sonst im Bergbau, sehr mannigfaltig und kennt sowohl

Staatsbesitz, Alleineigentum und die Gewerkschaft als auch andere
Rechtsformen, wie Pachtung, Ausbeutevertrag u. dgl.

Das Verhältnis zwischen Bergbau und Absatzgebiet, die Verkaufs-
organisation usw., näher zu betrachten, würde hier zu weit führen. Nur
in beschränktem Maße bestehen wärme- und kraftverbrauchende Industrien in der Nähe der Braunkohlenablagerungen, welche dauernde
und geschäftlich einfache, großzügige Beziehungen zwischen dem
Bergbau und dem Kohlenverbraucher gewährleisten. Die Ausdehnung
der Rohbraunkohlenverfeuerung auch auf nicht von vornherein dazu
eingerichtete Betriebe gestaltet gegenwärtig die ganze Absatzwirtschaft
sehr wechselvoll, ohne daß ein klares und zuverlässiges Bild entsteht.

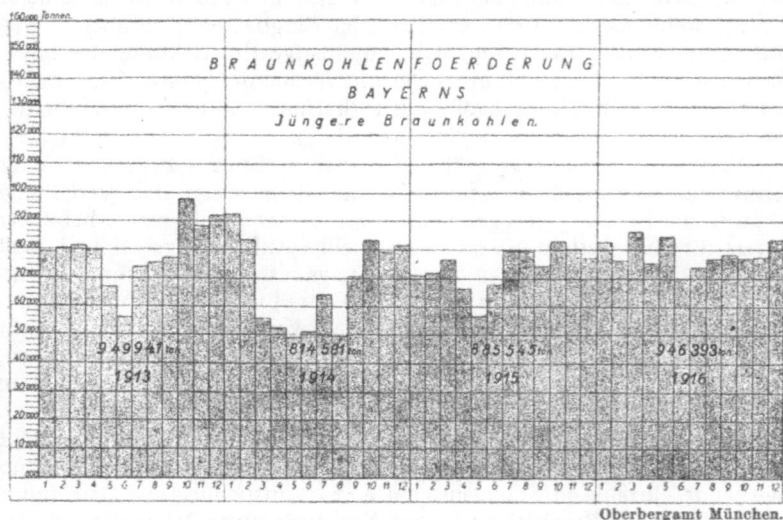

Fig. 6. Förderung Bayerns an jüngeren Braunkohlen 1913—1916.

Auf eine nähere Beleuchtung dieser dem Fachgebiet des Handels angehörenden Verhältnisse, muß daher hier verzichtet werden.

Eine Betrachtung der wirtschaftlichen Kraft des Bergbaues muß
von seinen bisherigen Leistungen, insbesondere in seiner letzten Ent-
wicklungsstufe, ausgehen. Die statistisch festgelegten Ziffern über
Fördermengen, Löhne u. dgl. weichen teilweise trotz scheinbarer Unter-
ordnung unter einen gleichen Oberbegriff voneinander ab. Über die
Förderung werden mehrere amtliche Erhebungen gepflogen, deren Grundlagen trotz gleicher Bezeichnung nicht dieselben sind. Jüngere Braunkohlen werden in vielen Fällen nicht nach Gewicht, wie sie in der Statistik
erscheinen, sondern nach Raummaßen ermittelt. Der Umrechnungsfaktor
ist von Fall zu Fall etwas verschieden. Es wird aber statistisch mit einem
mittleren Wert gerechnet, welcher je nach dem Zweck der Erhebung
nicht immer derselbe ist. Die erhaltenen Durchschnittsziffern können also
sehr wohl einen rechnerisch richtigen Durchschnitt ergeben und dennoch

ziffernmäßig voneinander abweichen. Ähnliche Schwierigkeiten entstehen bei der Berechnung der durchschnittlichen Anzahl der beschäftigten Arbeitskräfte, weil dieselbe je nach Jahreszeit und Geschäftsgang oft ziemlich stark schwankt. Ein Vergleich unserer bayerischen Ziffern mit denen größerer Bergbaubezirke, etwa Mitteldeutschlands, des Niederrheins, Sachsens, der Lausitz, kann nur mit sehr großer Vorsicht zu einer brauchbaren Beurteilung unserer eigenen Verhältnisse führen. Die Wechselfälle, welche durch die verschiedenartige Beschaffenheit der Ablagerung und unvorhergesehene störende Ereignisse eintreten, gleichen sich bei dem großen norddeutschen Bergbau mit Hunderten von Bergwerken natürlich viel weitgehender aus, als das bei unseren

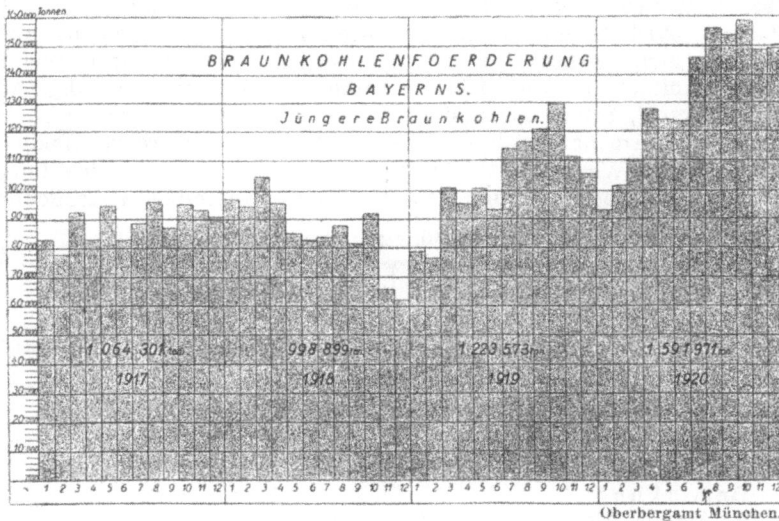

Oberbergamt München.

Fig. 7. Förderung Bayerns an jüngeren Braunkohlen 1917—1920.

wenigen Betrieben möglich ist. Gerade im letzten Jahrzehnt aber haben ungewöhnliche Ereignisse unseren Bergbau auf jüngere Braunkohlen äußerst zahlreich betroffen, so allein die Grube Gustav drei Einbrüche des Mains in die Tagebaue und die Grube Klardorf gleichfalls ein mächtiger Wassereinbruch bei einem schweren Unwetter. Es muß daher im nachfolgenden darauf verzichtet werden, Durchschnittsziffern von allgemeinem Wert aufzuführen. Der Platz dafür wird bei den Einzelschilderungen für die Verhältnisse bestimmter Werke sein.

Die statistischen Feststellungen sind hier nur aus den letzten acht Jahren wiedergegeben. Als Quelle wurde teils die Produktionsstatistik der Kohlen-, Eisen- und Hüttenindustrie, teils die besondere Statistik der bayerischen Kohlenförderung, unabhängig von der erstgenannten, benutzt.

Die Entwicklungskurve der Braunkohlenförderung (vgl. Fig. 6 u. 7) seit dem Jahre 1913 mit rd. 950000 t zeigt allerdings eine Reihe von

Mineralische Rohstoffe Bayerns. 6

Schwankungen, so vor allem einen tiefen Abfall im August 1914, bedingt durch den Kriegsausbruch, weitere wesentliche Abfälle im April, Mai und Juni 1915, bedingt durch Einberufungen zum Heere, und im April und Juni 1916 durch verschiedene mit dem Krieg in Verbindung stehende Ungleichmäßigkeiten. Im Sommer des Jahres 1918 sank die Arbeitslei-stung infolge der sich mehr und mehr geltend machenden Ernährungs-schwierigkeiten und der Grippe. Von November 1918 bis Februar 1919 übten die politischen Wirren einen ungünstigen Einfluß aus. Dazu kam im November und Dezember 1919 die schlechte Witterung, endlich im Jahre 1920 ein außerordentlich schwerer Wassereinbruch auf der Grube Klardorf. Trotz alledem ist aber eine ständige Entwicklung des Gesamt-ergebnisses nach aufwärts deutlich zu erkennen, so daß im Jahre 1920 1,68 mal soviel jüngere Braunkohlen wie im Jahre 1913 gewonnen und 3,13 mal soviel Arbeiter beschäftigt wurden. Mehrere neue Werke wurden eröffnet und kamen in Förderung, so vor allem Schmidgaden-Schwarzenfeld, Schirnding und einige kleinere Gruben. Andere große Werke erhöhten ihre Leistung ganz wesentlich, wie Klardorf, Haidhof und Großweil. Weiter war wohl von günstiger Wirkung, daß sich auf den Braunkohlengruben mehr und mehr ein fester Arbeiterstamm ausbildete.

Förderung an jüngeren Braunkohlen.

Jahr	Förderung t	Vergleich mit dem Jahre 1913	Jahr	Förderung t	Vergleich mit dem Jahre 1913
1913	949 941	100 %	1917	1 064 301	112 %
1914	814 581	88 ›	1918	998 899	105 »
1915	885 545	93 ›	1919	1 223 573	128 »
1916	946 393	99 »	1920	1 592 001	168 ›

Bemerkung: Obige Zahlen stimmen nicht genau mit den Ziffern der im Auftrag des Bayer. Staatsministerums für Handel, Industrie und Gewerbe von der Bayer. Landeskohlenstelle gemeinsam mit dem Bayer. Oberbergamt herausgegebenen Schrift: Die Kohlenwirtschaft Bayerns bis Ende 1920, überein. Die dortigen Ziffern sind noch mit den Unzulänglich-keiten des aus der Kriegszeit stammenden statistischen Materials behaftet, während die hier vorgetragenen aus den endgültigen Angaben der Reichs-montanstatistik entnommen sind.

Naturgemäß wuchs der Wert der gewonnenen Braunkohle noch viel mehr als die Förderung selbst, weil, wie auch sonst in Deutschland, die Braunkohle durch die allgemeinen wirtschaftlichen Verhältnisse, das Wachsen der Löhne und sonstiger Aufwendungen, eine ungeheure Verteuerung erfuhr. Es erscheint daher wenig zweckmäßig, hier gegen-wärtig nähere Ziffern anzugeben, da die Entwicklung dieser Seite des Wirtschaftslebens immer noch im Fluß ist. Eine Tonne Rohbraun-kohle hat in den Jahren 1913—1920 eine Wertsteigerung auf das 19 fache erfahren, wenn man das letzte Friedensjahr mit 1 einsetzt. Im April 1921 erreichte der Handelspreis der Tonne etwa M. 89, was dem 23fachen des Vorkriegspreises gleichkommt.

Die Beschäftigung von Arbeitskräften hat sich im bayerischen Bergbau auf jüngere Braunkohlen vom Jahre 1913—1920 mehr als verfünffacht. Die Ursache dieser Steigerung ist der auch auf anderen industriellen Gebieten hauptsächlich infolge Kürzung der Arbeitszeit in Erscheinung getretene Rückgang der durchschnittlichen Arbeitsleistung, und zwar sowohl hinsichtlich der an die menschlichen Kräfte allein gebundenen Tätigkeit, als auch hinsichtlich des Zusammenwirkens von Arbeitern mit Maschinen, das im Braunkohlentagebau gewöhnlich besonderen Umfang erlangt. Sodann haben die stark vermehrten Aufschließungs- und Vorrichtungsarbeiten in den Lagerstätten selbstredend die Zahl der unproduktiven Arbeiter erheblich anschwellen lassen.

In der Kohlengewinnung waren an berufsgenossenschaftlich versicherten Personen, d. h. an Arbeitern und unteren Betriebsbeamten beschäftigt:

Jahr	Berufs-genossen-schaftlich versicherte Personen	Vergleich mit dem Jahre 1913	Jahr	Berufs-genossen-schaftlich versicherte Personen	Vergleich mit dem Jahre 1913
1913	916	100 %	1917	442	48 %
1914	717	78 »	1918	560	61 »
1915	647	70 »	1919	2700	294 »
1916	404	44 »	1920	2867	313 »

(Belegschaft 1915 mit 1918 ohne Kriegsgefangene)

Die Lohnverhältnisse beim bayerischen Bergbau auf jüngere Braunkohlen haben eine ähnliche Entwicklung wie in Norddeutschland durchgemacht. Auf Grund der dortigen Erhebungen sind Durchschnittsziffern errechnet worden, welche über die jeweiligen Verhältnisse in vortrefflicher Weise aufklären. Die Tabellen auf S. 83, 84 und 85 geben einen Überblick.

Lohnverhältnisse im außerbayerischen Braunkohlenbergbau in den Jahren 1913, 1918, 1919 und im IV. Vierteljahr 1920.
A. Reiner durchschnittlicher Jahresverdienst.

Bergwerksbetriebe	1913	1918	1919	IV. Vierteljahr 1920	Bemerkungen
	M.	M.	M.	M.	
Braunkohlen-bergbau: Im O.B.B. Halle (unterirdisch und in Tagebauen	1175	2217	4113	3117	*Hiezu tritt noch der Wert der Beihilfen 0,11 M. für eine Schicht
Links des Rheins . .	1328	3055	5172	4416	**Hiezu tritt noch der Wert der Behilfen
In Sachsen-Altenburg	1189	2380*	4528**	3298	0,21 M. für eine Schicht

6*

Lohnverhältnisse im außerbayerischen Braunkohlenbergbau in den Jahren 1913, 1918, 1919 und im IV. Vierteljahr 1920.

B. Durchschnittlicher reiner Schichtverdienst.

Bergwerksbetriebe	Unterirdisch u. in Tagebauen beschäftigte Bergarbeiter im engeren Sinn		Sonstige unterirdisch und in Tagebauen beschäftigte Arbeiter		Über Tag beschäftigte Arbeiter (ausschl. der jugendl. u. weiblichen)		Jugendl. männliche Arbeiter unter 16 Jahren		Weibliche Arbeiter		Durchschnittslöhne auf 1 verfahr. Schicht	Bemerkungen
	%	M.	%	M.	%	M.	%	M.	%	M.	M.	
Braunkohlenbergbau:												
					1913.							
im O.B.B. {unterirdisch	15,7	4,51	6,7	3,56								
Halle {in Tagebauen	28,6	4,06	5,3	3,61								
Summe:	44,3	4,22	12,0	3,58	40,1	3,47	2,1	1,93	1,5	2,26	3,77	
links des Rheins	41,6	4,78	10,0	4,37	43,2	3,97	5,2	1,99	—	—	4,24	
in Sachsen-Altenburg	27,7	4,60	22,1	3,87	46,6	3,74	0,8	2,53	2,8	2,02	3,95	
					1918.							
im O.B.B. {unterirdisch	10,0	8,52	5,2	6,93								
Halle {in Tagebauen	25,7	8,00	6,5	7,52								
Summe:	35,7	8,14	11,7	7,26	35,2	7,03	4,0	3,75	13,4	4,67	7,02	
links des Rheins	42,3	10,62	1,0	7,56	42,3	10,31	6,7	4,94	7,7	5,80	9,73	*Hiezu tritt noch der Wert der wirtsch. Beihilfen 0,11 M. f. eine Schicht
in Sachsen-Altenburg	26,8	10,04	19,5	8,03	35,9	7,30	2,2	4,32	15,6	4,61	7,71*	
					1919.							
im O.B.B. {unterirdisch	7,8	16,67	4,4	13,80								
Halle {in Tagebauen	34,5	14,41	8,3	14,17								
Summe:	42,3	14,82	12,7	14,04	34,9	13,84	2,4	6,22	7,7	8,22	13,67	
links des Rheins	47,3	17,61	6,4	14,91	40,4	17,51	4,8	7,97	1,1	8,47	16,85	*Hiezu tritt n. d. W. der wirtsch. Beihilfen 0,21 M. f. eine Schicht
in Sachsen-Altenburg	26,6	18,79	27,1	14,34	40,9	14,34	1,3	5,78	4,1	7,42	15,13*	

IV. Vierteljahr 1920.

Bergwerksbetriebe	Unterirdisch u. in Tagebauen beschäftigte Bergarbeiter im engeren Sinn		Sonstige unterirdisch und in Tagebauen beschäftigte Arbeiter		Über Tag beschäftigte Arbeiter (ausschl. d. jugendl. u. weiblichen)		Jugendl. männliche Arbeiter unter 16 Jahren		Weibliche Arbeiter		Durchschnittslöhne ohne auf 1 verfahr. Schicht	Bemerkungen
	%	M.	%	M.	%	M.	%	M.	%	M.	M.	
im O.B.B. Halle, unterirdisch	7,9	50,46	4,3	41,29								
in Tage- b. d. Kohlengewinnung	9,9	47,08	9,3	40,14								
bauen beim Abraumbetrieb .	29,4	39,30										
Summe:	47,2	42,77	13,6	40,50	33,7	39,64	2,4	17,51	3,1	22,86	40,19*	*Hiezu tritt noch der Wert der wirtschaftl. Beihilfen 1,62 M. für eine Schicht.
links des Rheins, unterirdisch	1,4	60,54	0,1	44,78								
in Tage- b. d. Kohlengewinnung	17,6	59,56	11,1	52,00								
bauen beim Abraumbetrieb	24,6	54,17										
Summe:	43,6	56,54	11,2	51,93	42,2	56,86	2,7	30,31	0,3	37,88	55,43*	*Hiezu tritt noch der Wert der wirtschaftl. Beihilfen 1,50 M.
in Sachsen-Altenburg (Braunkohlenbergbau)	25,7	54,95	27,4	42,69	42,6	40,17	1,2	16,89	3,1	23,48	43,89*	*Hiezu tritt noch der Wert der wirtschaftl. Beihilfe von 3,82 M.

Lohnverhältnisse im bayerischen Bergbau auf jüngere Braunkohlen in den Jahren 1913, 1918, 1919, 1920.

Bergwerksbetriebe	eigentliche Bergarbeiter		sonstige Bergarbeiter		Tagarbeiter		Jugendliche		Arbeiterinnen		Durchschnittslöhne		Bemerkung
											je Schicht	im Jahr	
	%	M.	%	M.	%	M.	%	M.	%	M.	M.	M.	
1913.													
Irenenzeche-Großweil	65,2	4,53	—	—	34,8	3,31	—	—	—	—	4,11	1265	
Gustav-Dettingen	25,6	4,22	10,5	3,92	62,0	3,78	1,9	2,36	—	—	3,88	1187	
Gustav-Abraum	—	—	—	—	100,0	3,86	—	—	—	—	3,86	1157	
Sonstige	9,4	3,50	6,3	3,00	84,3	3,46	—	—	—	—	3,44	952	
Haidhof-Ponholz	62,0	3,93	10,0	3,30	28,0	3,56	—	—	—	—	3,76	1131	
Klardorf-Schwandorf	18,0	4,50	32,0	2,95	47,0	3,28	3,0	1,20	—	—	3,34	1012	
Klardorf-Abraum *)	—	—	—	—	100,0	3,23	—	—	—	—	3,23	688	*) erst seit Mai im Betrieb.
1918.													
Irenenzeche-Großweil	9,5	9,13	15,5	6,90	66,4	7,22	6,6	3,65	2,0	2,90	7,45	1826	
Gustav-Dettingen	—	—	—	—	100,0	6,83	—	—	—	—	7,03	1831	
Sonstige	70,0	6,32	9,0	5,60	21,0	5,78	—	—	—	—	6,83	737	
Haidhof-Ponholz	16,0	10,01	25,0	6,34	52,0	6,49	4,0	2,21	3,0	4,09	6,14	1774	
Klardorf-Schwandorf	—	—	—	—	96,0	6,29	4,0	3,74	—	—	6,77	2072	
Klardorf-Abraum	—	—	—	—	—	—	—	—	—	—	6,18	1854	
Schmidgaden-Schwarzenfeld	45,0	5,85	—	—	47,0	5,52	5,0	3,42	3,0	3,12	5,49	1674	

1919.

Irenenzeche-Großweil	55,0	9,40	13,0	7,30	—	7,08	2,0	2,12	5,0	7,68	15,00	3925
Passau-Jägerreuth	10,3	15,60	21,0	12,00	25,0	13,76	3,8	7,36	1,7	7,60	8,91	2673
Gustav-Dettingen	20,0	14,12	—	—	63,2	11,12	—	—	—	—	13,32	4035
Hindenburg Schirnding	60,0	12,88	19,00	10,44	80,0	11,64	2,0	6,10	—	—	11,72	3516
Haidhof-Ponholz	—	—	—	—	19,0	15,33	1,0	9,08	1,0	8,14	12,05	3639
Haidhof-Abraum	8,0	19,01	45,0	12,65	98,0	13,38	2,0	5,56	1,0	7,16	15,20	4332
Klardorf-Schwandorf	—	—	—	—	44,0	12,44	4,0	5,42	—	—	13,28	3997
Klardorf-Abraum	24,0	10,60	32,00	9,93	96,0	9,30	4,0	4,95	2,0	3,89	12,16	3648
Schmidgaden-Schwarzenfeld	—	—	—	—	38,0	10,65	—	—	—	—	9,53	2869
Schmidgaden-Abraum	—	—	—	—	100,0	—	—	—	—	—	10,65	2999
Ludwigszeche-Viehhausen-Alling	81,0	12,22	12,00	11,25	7,00	10,71	—	—	—	—	12,00	3600

1920.

Irenenzeche-Großweil	51,0	39,39	12,0	26,39	36,0	26,88	1,0	16,32	—	—	32,19	9657
Passau-Jägerreuth	30,0	30,50	20,0	31,50	50,0	26,50	—	—	1,00	18,61	27,11	8110
Rathsmannsdorf	40,0	30,27	20,0	30,50	39,0	26,50	—	—	—	—	27,11	8110
Donaufreiheit-Abbach	59,0	31,10	22,0	36,34	19,0	21,60	2,2	22,00	0,2	20,00	32,02	9606
Gustav-Dettingen	6,7	35,00	4,4	32,25	86,5	29,00	—	—	—	—	29,37	9105
Hindenburg-Schirnding	4,0	22,60	18,0	23,38	78,0	19,60	—	11,20	—	—	20,40	6120
Haidhof-Ponholz	67,9	29,11	21,0	27,61	9,4	23,57	1,7	12,41	—	—	27,97	8307
Haidhof-Abraum	—	—	—	—	97,5	27,87	2,0	10,85	—	—	27,49	8247
Klardorf-Schwandorf	13,5	46,72	40,0	26,87	45,0	28,34	1,0	6,14	0,5	13,76	29,96	8988
Klardorf-Abraum	—	—	—	—	98,0	28,22	2,0	—	0,5	14,10	27,78	8334
Schmidgaden-Schwarzenfeld	32,0	30,13	43,5	27,11	23,5	24,24	1,0	8,63	—	—	27,22	8497
Schmidgaden-Abraum	—	—	—	—	97,7	27,80	—	13,20	0,7	15,40	27,48	8244
Bavaria-Abraum	—	—	—	—	98,5	28,81	1,6	—	—	—	28,56	7713
Ludwigszeche-Alling	65,0	27,11	15,7	23,76	19,3	23,43	1,5	11,38	—	—	25,87	7761

Im bayerischen Braunkohlenbergbau können vergleichbare Ziffern nur von Werk zu Werk aufgestellt werden, weil die Betriebsverhältnisse bei unseren wenigen Gruben so stark voneinander abweichen, daß ein Zusammenwerfen aller Ziffern lediglich theoretischen Wert hätte. Es wird daher auf einen eingehenden Vergleich der einzelnen Angaben in der Tabelle S. 86 u. 87, welche aus den Jahresberichten der bayerischen Bergbehörden entnommen sind, verzichtet.

Im Jahre 1920 zeigt der bayerische Braunkohlenbergbau ganz erheblich niedrigere Durchschnittslöhne als die entsprechenden Tabellen. des außerbayerischen Braunkohlenbergbaues, welche nur das 4. Vierteljahr 1920 allein umfassen. Es darf nicht übersehen werden, daß gerade in den letzten Monaten dieses Jahres einschneidende Lohnsteigerungen eingetreten sind. In den bayerischen Zahlen sind demnach die verhältnismäßig geringen Löhne des Jahresanfanges noch mit eingerechnet, während die norddeutschen Vergleichsziffern lediglich aus den hohen Löhnen des Jahresendes ermittelt sind. Nähere Angaben über die letzte Entwicklung der bayerischen Braunkohlenbergarbeiterlöhne werden bei den einzelnen Schilderungen an geeigneter Stelle erscheinen.

Die auf den bayerischen Bergwerken auf jüngere Braunkohlen an die berufsgenossenschaftlich versicherten Personen ausgezahlten Besoldungen und Löhne beliefen sich im Jahre

1913 auf   827 000 M.
1914 „   647 000 „
1915 „   558 000 „
1916 „   561 000 „
1917 „   758 000 „
1918 „ 1 330 000 „
1919 „ 8 041 000 „
1920 „ 51 670 000 „ .

Im Verhältnis zum gesamten Wert der geförderten Kohlen[1]) betrugen diese Angaben im Zeitraum 1913—1920 ungefähr 71,3%.

Wiederholt ist ein Verlangen nach Bekanntgabe von Leistungsziffern für den einzelnen Arbeiter im bayerischen Bergbau auf jüngere Braunkohlen hervorgetreten. Im vorstehenden ist die Schwierigkeit, geeignete Durchschnittsziffern bei unseren stark wechselnden bergbaulichen Verhältnissen zu erhalten, im allgemeinen beleuchtet worden. Selbst eine Trennung in die drei bei uns vorhandenen Gruppen, reine Tagebaugruben, Gruben mit Tag- und Tiefbau und reine Tiefbaugruben würde noch nicht zum Ziele führen. Es muß in dieser Hinsicht auf die Einzelschilderungen verwiesen werden, welche auf engbegrenzte Verhältnisse bezogene Ziffern bei einigen Werken bringen werden. Ein Vergleich mit den aus dem norddeutschen Bergbau bekanntgegebe-

---

[1]) Es ist dabei zu beachten, daß diese der Produktionsstatistik der Kohlen-, Eisen- und Hüttenindustrie entstammenden Angaben auf statistischen Ziffern und Werten aufgebaut sind, die tief unter den wirklichen Handelswerten liegen.

nen und dort sehr wohl möglichen Durchschnittsleistungsziffern ist
natürlich in diesem Falle ohne besondere Fachkenntnis und Vertraut-
heit mit den besonderen Verhältnissen der betreffenden bayerischen
Gruben nicht statthaft. Es ist also ein Urteil im Einzelfalle, inwieweit
die nach den Verhältnissen der Lagerstätte und den Einrichtungen
der Betriebe zu erwartenden Leistungen der Arbeiterschaft von den
tatsächlichen wirklich erreicht werden, und eine Feststellung der wirklichen Ausnutzung der menschlichen Arbeitskraft nicht möglich.

Es wäre noch interessant, das Verhältnis der derzeitigen technischen
und wirtschaftlichen Ausgestaltung des bayerischen Bergbaus auf
jüngere Braunkohlen zu seinen natürlichen Vorbedingungen, insbesondere seinen Lagerstätten im allgemeinen zu betrachten, um daraus
ein Bild über seine Lebensfähigkeit in der nächsten und der ferneren
Zukunft zu gewinnen. Unsere Vorräte an noch ungehobenen jüngeren
Braunkohlen werden auf etwa 120 Mill. t, von einigen höher, von einigen
geringer veranschlagt. Die teilweise großen Unterschiede in der Mengen-
berechnung beruhen einerseits auf der unzureichenden näheren Kenntnis
von weiten, als braunkohlenführend bekannten Gebieten, anderseits
spielt eine ausschlaggebende Rolle auch die jeweilige Ansicht über die
Bauwürdigkeitsgrenzen, so daß der eine Sachverständige noch manche
Ablagerung in den Kreis der Vorräte einbezieht, der andere sie nur als
wirtschaftlich bedeutungslose Gebilde anerkennt und ihnen höchstens
wissenschaftliches Interesse beimißt. Soviel steht jedenfalls fest, daß
Bayern, wenn es auch im Vergleich zu Norddeutschland nur geringe
Vorräte an jüngerer Braunkohle birgt, immerhin über ein nennens-
wertes Kohlenvermögen verfügt, das es auch gestattet, größere und
langlebige Anlagen darauf zu gründen.

C. Einzelschilderung der bayerischen Braun-kohlenbergwerke.

Wir treten nun in die Spezialbeschreibung der betriebenen Werke ein.
Es wurde schon in der Einleitung darauf hingewiesen, daß nur die in
Betrieb stehenden Vorkommen eine Würdigung finden können. Aus
dem gleichen Grunde unterlassen wir es auch, auf die Vorkommen
hinzuweisen, die in früherer Zeit schon einmal in Betrieb waren, da die
damals gewonnenen Daten doch nicht hinreichen, um ein zuverlässiges
Bild über den Umfang und die Bedeutung dieser Lagerstätten zu gewinnen.

1. Bayerische Braunkohlen-Industrie-A.-G. in Schwandorf, Werk Wackersdorf.

(Hierzu Bild Nr. 1 mit Nr. 12.)

In der Nähe des Kreuzungspunktes Schwandorf der wichtigen
Eisenbahnlinien Nürnberg—Furth i. W. und Hof—Regensburg—München,
zugleich ungefähr in der Mitte des vom Fichtelgebirge her zur Donau-
wasserstraße führenden Naabtales liegt auch der Schwerpunkt der in

der Oberpfalz angehäuften und für Bayern bedeutungsvollsten Braunkohlenablagerungen. Der mächtigste und wertvollste Teil derselben ist heute nahezu in einer einzigen Hand vereinigt oder auf dem Vertragswege als eine wirtschaftliche Einheit der noch nicht dazu gehörigen unausgebeuteten Bergwerksfelder mit den bereits betriebenen gesichert. Die Bayerische Braunkohlen-Industrie-A.-G. in Schwandorf besitzt teils sämtliche, teils die meisten Anteile größerer Oberpfälzer Braunkohlengewerkschaften. Es gehören ihr insbesondere die Bergwerksfelder Consolidiertes Braunkohlenbergwerk Klardorf, Sonnenried, Wackersdorf, Robertzeche, Josefzeche, Eugeniezeche, Frisch Glück, Heinrichzeche, Marien-Karolinenzeche, Schwarz-Johann-Zeche und Armandzeche mit zusammen 8355,62 ha Feldesgröße. Außerdem ist sie ausschlaggebend in der Gewerkschaft Schmidgaden-Schwarzenfeld, welche wiederum Eigentümerin einer Reihe von benachbarten Braunkohlenbergwerksfeldern ist.

Mit der Entwicklung der heutigen Braunkohlengrube der Braunkohlen-Industrie-A.-G. bei Wackersdorf ist ein wesentlicher Teil der Geschichte des Bayerischen Braunkohlenbergbaues und der Versuche zur Verwertung der bayerischen Braunkohle verknüpft, soweit dieselben günstig verlaufen sind. Es ist kaum ein Bergwerk seit so langer Zeit und unter mehr dem Handelsgetriebe angehörigen Schwierigkeiten zu einer solchen Blüte gelangt wie das Bergwerk in Wackersdorf. Schon im Jahre 1800 wurde die Braunkohlenablagerung gelegentlich einer Brunnengrabung auf dem Grundstücke eines Wackersdorfer Schneidermeisters erschürft und die Verwertbarkeit des glücklich aufgefundenen Minerals erkannt. In der Folge wurden verschiedene Versuche zur Durchführung eines dauernden Bergbaues im Kleinen unternommen, welche aber an technischen und finanziellen Unzulänglichkeiten gescheitert sind. Nicht viel besser erging es dem Staatsbetrieb, der auf ein Gutachten des Kgl. Berg- und Hüttenamtes Bodenwöhr über das Vorkommen und die gute Beschaffenheit der Wackersdorfer Kohle vom Jahre 1807 bis zum Jahre 1845 fortgeführt wurde. Es fehlte damals vor allem an maschinellen Einrichtungen und an der Großzügigkeit, welche die Ausbeutung mächtigerer Braunkohlenablagerungen vor allem verlangt. Daneben dürfte eine Hauptursache an dem Mißlingen dieser Versuche in der Schwierigkeit der nutzbringenden Verwertung der Rohbraunkohle gelegen haben. Die Verheizung der Rohbraunkohle und die Verbesserung ihrer Verwendungsbedingungen durch Brikettierung oder, wie das in Norddeutschland häufig der Fall ist, durch Verkokung (Grudekoks) ist erst in verhältnismäßig junger Zeit in die heutigen erfolgreichen Bahnen gebracht worden. Im Jahre 1845 kam der Wackersdorfer Staatsbetrieb zum Erliegen. Im Jahre 1903 wurde unter dem Namen Gewerkschaft Klardorf eine Gewerkschaft mit 1000 Kuxen gegründet, welche die Ausbeutung der Bodenschätze auf die neuen Erfahrungen stellte. Diese Gewerkschaft ging am 5. Februar 1906 in den Besitz der neugegründeten Firma „Bayerische Braunkohlen-Industrie-A.-G. in Schwandorf" über. Das Gründungskapital betrug

M. 2000000, welches am 4. Februar 1907 auf M. 2700000, am 11. März 1908 auf M. 3600000, am 23. März 1921 auf 7200000 M. erhöht wurde. Daneben besteht noch eine 5%-ige Schuldverschreibung von M. 4000000 und eine Anleihe von M. 1000000. Diese rasche Entwicklung des Kapitalbedarfes der Gesellschaft zeigt an, wie rührig an dem Ausbau der Anlagen gearbeitet wurde, und daß man sich aus den von der Lagerstätte gewonnenen Erkenntnissen eine reiche Blüte des Werkes versprach. Der Zeitraum von 1906 bis April 1908 war in der Hauptsache Aufbauzeit. Es wurde der Tagebau geschaffen und eine Brikettfabrik mit 8 Dampfpressen und den nötigen Nebeneinrichtungen errichtet. Die Kohlengewinnung in größerem Umfange sowie auch die Herstellung von Braunkohlenbriketts begann im Jahre 1908.

Der Arbeiterbedarf des sich rasch vergrößenden Werkes wuchs und konnte in der nächsten Umgebung nicht untergebracht werden. Es wurde daher schon in den Jahren 1908 und 1909 eine größere Kolonie zur Seßhaftmachung eines geeigneten Arbeiterstammes erbaut. Diese Ortschaft ist heute längst zu klein geworden. Die jüngste Entwicklung des Schwandorfer Werkes hat eine weitere ausgedehnte Kolonisation gestattet. Es ist in den letzten Jahren wiederum eine neue Siedelung zur Unterbringung der Belegschaftsmitglieder teilweise schon erbaut worden, teilweise ist sie im Bau. Bei der Bereitstellung der Mittel wurde zunächst vom Staatsministerium für Soziale Fürsorge hilfreich eingegriffen, indem aus den allgemeinen, ihm zur Hebung der Wohnungsnot zur Verfügung stehenden Mitteln, im Jahre 1919 der Baugenossenschaft Wackersdorf für 54 Wohnungen ein Baukostenvorschuß von M. 1500000 gewährt wurde. Mit Beginn des Jahres 1920 wurde die Wohnungsfürsorge für Bergarbeiter auf eine neue noch breitere Grundlage gestellt und auf Grund eines Beschlusses des Reichskohlenverbandes vom 30. Dezember 1919 zur Gewährung von Beihilfen zur Errichtung von Bergmannswohnungen ein Zuschlag von M. 2 auf die Tonne Braunkohle erhoben. Durch die Vermittlung des Kohlensyndikats und der Reichsarbeitsgemeinschaft für den Bergbau werden diese Mittel nach bestimmtem Verteilungsschlüssel den Kolonisationszwecken mit Hilfe der Bayerischen Treuhandgesellschaft für Bergmannssiedelungen dienstbar gemacht. Die Bayerische Braunkohlen-Industrie-A.-G. stellte dieser Siedelung aus eigenen Mitteln einen Betrag von erheblich mehr als 2 Mill. M. zur Verfügung, nicht gerechnet die kostenlose Bauleitung und Beförderung aller Baumaterialien zu den Baustellen auf einer für diesen Zweck eigens gebauten ca. 2 km langen Eisenbahn, die vom Werksbahnhof Wackersdorf abzweigt.

Die nähere und weitere Umgebung, in welcher das Wackersdorfer Werk liegt, zeigt wenig entschiedene Linien. Im allgemeinen beherrschen weit ausgedehnte flache Mulden, in deren tieferen Gebieten Sümpfe und weite offene Wasserflächen von seichten Weihern das eintönige Bild. Dazwischen erheben sich nur unbedeutende Geländewellen, welche vielfach mit mageren Wäldern bestanden sind. Wertvolleres Kulturland ist nur an vereinzelten Punkten dem dürftigen Boden abgerungen worden und tritt kaum wesentlich hervor. Die Gegend ist ziemlich dünn besiedelt, die Industrie nicht besonders entwickelt und hauptsächlich an die wenigen größeren Orte, wie Schwandorf, geknüpft. Der Verkehr wickelt sich ausschließlich auf den genannten Eisenbahnlinien ab. Eine Wasserstraße zur Donau fehlt zurzeit noch vollkommen.

Mit dem Eisenbahnknotenpunkt Schwandorf ist die Braunkohlengrube Klardorf durch eine werkseigene, nahezu 7 km lange, normalspurige Grubenanschlußbahn mit ausgedehnten Aufstellungs- und Verschiebegleisen verbunden. Auf derselben findet auch Personenverkehr für die Arbeiter und Beamten in werkseigenen Zügen statt.

Schon bis auf größere Entfernung kündet der Anblick des Werkes dem Beschauer die hervorragende wirtschaftliche und technische Bedeutung, welche es für die Umgebung besitzt. Zwei hohe, weithin sichtbare Schornsteine überragen hoch eine Gruppe von Dunstschloten der Brikettfabrik, aus welchen weithin dicke Qualmwolken ziehen. Um die Brikettfabrik sind die mächtigen Kesselanlagen, die Kraftzentrale, die Brikettlagerschuppen, die Werkstätten, zwei große Sortierungs- und Verladegebäude sowie das Verwaltungsgebäude angeordnet.

Die Kesselanlage umfaßt 15 Dampfkessel zu je 105 qm Heizfläche. Die Rohbraunkohle wird auf mechanischem Wege in mächtige, über den Kesseln liegende Bunker gebracht und auf Treppenrosten, System Topf & Söhne in Erfurt, ferner auf Muldenrosten, System Fränkel & Vibahn in Leipzig, verfeuert. Der Kesseldampf wird teils in der Brikettfabrik, teils in der elektrischen Zentrale zunächst zur Kraftleistung in Gegendruckdampfmaschinen nutzbar gemacht. Der Abdampf wird gesammelt, entölt und dient zum Betrieb der Trockeneinrichtungen in der Brikettfabrik. Das gesammelte, aus dem Dampfe zurückgewonnene heiße Wasser wird den Kesseln mit einer Wärme von 130° wiederum zugeführt.

Die Kraftanlage des Werkes dient in der Hauptsache dem eigenen Bedarf. Es sind gegenwärtig im Betrieb: eine Zwillings-Compound-Dampfmaschine mit Ventilsteuerung mit einer Leistung von 350 PS, weitere zwei Zwillings-Compound-Dampfmaschinen mit Ventilsteuerung mit einer Leistung von je 250 PS, außerdem noch eine Dampfmaschine mit 1900 PS. Die in dieser Anlage gewonnene Dampfkraft wird in elektrische Energie mit einer Spannung von 500 V und 50 Perioden umgewandelt, welche zur Versorgung von 25 Motoren mit zusammen 1350 PS und außerdem noch zweier elektrisch angetriebener Pressen eigener Konstruktion des Werkes dienen.

Die Brikettfabrik ist mit 8 Dampfpressen ausgestattet, deren Antriebsmaschinen je 150 PS Dauerleistung haben. Dazu kommen noch die vorerwähnten zwei elektrischen Pressen. Die Trocknung der Kohle erfolgt in Röhrentrocknern, welche die Feuchtigkeit bis auf etwa 12% entziehen. Im Naßdienst werden mehrere große Zyklopmühlen zur Zerkleinerung der Kohle nebst den erforderlichen Siebeinrichtungen verwendet.

In der Nähe der Brikettfabrik befindet sich noch eine größere, mit modernsten Meß-, Analysier- und Kontrolleinrichtungen versehene Versuchsanlage zur Vergasung der Schwandorfer Kohle. Es stehen dort drei große Heller-Generatoren, welche nach Mitteilung der Bayerischen Braunkohlen-Industrie-A.-G. durchaus befriedigende Ergebnisse zeigen. Das erzeugte Gas gestattet die Beheizung eines Kessels im Dauerbetrieb.

Das erzeugte Gas hat nach Mitteilung des Generaldirektors des Werkes, Herrn Kommerzienrates Kösters, eine chemische Zusammensetzung wie folgt:

CO_2	Kohlensäure	9,2%
O_2	Sauerstoff	0,5%
CH_4	Methan	1,6%
H_2	Wasserstoff	16,2%
CO	Kohlenoxyd	20,9%
N_2	Stickstoff	51,6%
		100,0%

was ca. 1300 WE entspricht. In der Verbrennungszone des Gases herrscht eine Temperatur von 1150 bis 1200⁰. Diese günstigen Zahlen beweisen, daß das aus den Wackersdorfer bzw. Schwandorfer Rohbraunkohlen im Hellergenerator erzeugte Gas sich für die meisten keramischen Zwecke, ferner für die Glasindustrie eignet. Besonders aber dürfte dieses Gas für metallurgische Zwecke Verwendung finden.

Für den Rohkohlenversand, welcher in der neueren Zeit einen besonders großen Umfang angenommen hat, bestehen zwei große Verladeanlagen; diese sind als hochgelegene Bunker über den Eisenbahngleisen ausgebaut. Von der Sohle des Tagebaues aus führen Kettenbahnen unmittelbar auf die oberhalb der Bunker noch gelegenen Wipperböden; die zugeführte Kohle wird dort ausgestürzt, sortiert und nötigenfalls gebrochen, in den Bunkern gespeichert und kann mit dem geringsten Aufwand von menschlicher Kraft ohne weiteres in die Züge verladen werden.

Die Werkstätten umfassen Schmiede, Schreinerei, außerdem eine moderne, auf der Brikettfabrik immer notwendige Schleiferei, in welcher mit Hilfe von Maschinen die Brikettformen geschliffen und stets im erforderlichen Zustande erhalten werden.

Die Briketts werden durch 100—150 m lange eiserne Rinnen und, soweit sog. Salonbriketts (Hausbrandbriketts) in Frage kommen, durch besonders konstruierte Kühlrinnen über den Fabrikhof hinweg bis an die Eisenbahnwagen bzw. in die mit Gleisanschluß ausgestatteten Brikettlagerschuppen gedrückt, von welch letzteren aus sie von Hand in die Eisenbahnwaggons verladen werden können.

Eine weitere Gebäudegruppe birgt noch die Verwaltung des Werkes, die technischen Bureaus und die Wirtschaftsräume für die Arbeiter und Beamten des Werkes, welche bei der großen Entfernung von dem Wohnsitz einen Teil ihrer Verpflegung hier finden.

Der Braunkohlentagebau unterscheidet sich von sonstigen, aus dem Braunkohlenbergbau bekannten Anlagen nicht wesentlich. Die Kohlengewinnung hat sich bis heute nur auf das 20 und mehr Meter mächtige Oberflöz erstreckt.

Trotz seiner heute schon sehr bedeutenden Größe nimmt der Tagebau im Verhältnis zu der bis jetzt schon durch ein sehr sorgfältig angelegtes und wissenschaftlich bearbeitetes Netz von Bohrungen festgestellten Gesamtablagerung nur einen kleinen Teil ein. Das bis zu 12 m mächtige Unterflöz, welches durch eine Tonbank von verschiedener Stärke vom Oberflöz getrennt ist, wurde bisher lediglich durch die für die Wasserhaltung notwendigen Ausschachtungen verritzt, im übrigen aber ist es noch ganz erhalten. Der Abbau fand früher von der Mitte aus gegen die Muldenränder und das ziemlich steil ansteigende Ausgehende zu statt. Die Folgen waren, wie im vorausgehenden Teil näher erläutert wurde, umfangreiche und von sehr unangenehmen Wirkungen begleitete Rutschungen. Die sehr sorgfältig durchgeführten markscheiderischen Untersuchungen der noch unabgebauten Lagerstättenteile haben indes bereits so vollständige Klarheit über die wesentlichsten Unregelmäßigkeiten des Untergrundes und die Gestalt der Kohlenmulde ergeben, daß man in der letzten Zeit die gesamte Richtung des Abbaues um einen rechten Winkel verschwenkt und heute etwa in senkrechter Richtung zur Hauptmuldenachse den Kohlenstoß eingerichtet hat. Der Erfolg dieser, dem laufenden Betriebe große Schwierigkeiten verursachenden Maßnahmen ist denn auch nicht ausgeblieben. Rutschungen und Kohlenbrände werden künftig wohl nur mehr zu den Ausnahmefällen zählen.

Die Abbauweise ist zurzeit eingestellt auf ausgedehnte Bearbeitung des Kohlenstoßes von Hand durch Schlitzschurren, Beseitigung vereinzelter stehengebliebener Pfeiler mit der Dampfschaufel, auf die Abräumung von Tonmitteln von Hand oder mit horizontal arbeitenden Eimerkettenbaggern. Die Gewinnung von kleineren Kohlenflözteilen unterhalb der Fördersohle wird durch einen Tiefbagger betätigt.

Die zeitweise auch wirtschaftlich bedeutsame Verladung des aus den Mitteln gewonnenen Tones bedingt eine entsprechend weitergehende Gliederung der Fördereinrichtungen, als das bei anderen Gruben der Fall ist. Eine Reihe von Kettenbahnen sammelt sowohl die Kohle als auch den verwertbaren Ton. Von der Tagebausohle führt je eine schräge Kettenbahn empor in den Naßdienst der Brikettfabrik sowie zu den Wipperböden der beiden Rohkohlenverladungen. Die Tonverladung muß von der Kohlenförderung ferngehalten werden; sie erfolgt deshalb getrennt davon und ist mit einer eigenen Kettenbahn ausgestattet.

Etwas aus dem üblichen Bilde hinsichtlich der Unterbringung der gewonnenen Massen fällt der Abraumbetrieb der Grube Klardorf. Im großen ganzen sind die sandigen Deckgebirgsschichten ohne Schwierigkeit abzubaggern und im Verhältnis zur Kohlenablagerung von geringer Mächtigkeit. Nachdem aber durch die frühere Anordnung des Abbaues die vorläufige Belassung des Unterflözes auf der Tagebausohle notwendig geworden war, ist es nicht möglich, die gewonnenen Abraummassen wiederum in die ausgekohlten Räume zu verstürzen, sondern man ist gezwungen, sie auf besonderen Halden in einiger Entfernung vom Tagebaurande außerhalb des Ausgehenden aufzuschütten. Die Gewinnung des Abraumes erfolgt mit Eimerkettenbaggern, der Transport der Massen mit Dampflokomotiven.

Der Stand der Belegschaft der Grube und Brikettfabrik in Wackersdorf entwickelte sich vom Jahre 1906—1920 in folgender Weise:

	1906 auf	98	Köpfe
	1907 „	165	„
	1908 „	287	„
	1909 „	295	„
	1910 „	292	„
	1911 „	312	„
	1912 „	338	„
	1913 „	330	„
	1914 „	261	„
Kriegsgefangene sind in diesen Zahlen nicht enthalten.	1915 „	237	„
	1916 „	200	„
	1917 „	244	„
	1918 „	248	„
	1919 „	848	„
	1920 „	1037	„

Davon entfallen heute auf den Tagebaubetrieb etwa 45%. Über das Verhältnis der einzelnen Arbeiterklassen zueinander gibt die Tabelle über die Lohnverhältnisse im bayerischen Braunkohlenbergbau Aufschluß. Die Lohnentwicklung auf der Grube Klardorf in den letzten Jahren kann ebenfalls daraus ersehen werden.

Die Absatzverhältnisse der Schwandorfer Kohle waren namentlich in den ersten Betriebsjahren sehr wechselvoll und reich an Schwierigkeiten. Die Kohle sollte in Wettbewerb mit besseren Kohlen auf Feuerungsanlagen treten, welche den außerbayerischen Kohlen angepaßt und für die bayerische Braunkohle meist ganz und gar nicht geeignet waren. Die Herstellung von Briketts hat der Schwandorfer Kohle den Weg geöffnet. Heute erstreckt sich ihr Absatzgebiet über einen großen Teil von Bayern, zum Teil auch nach Württemberg und Tirol. Sie wird in Gestalt von sog. Salon- oder Hausbrandbriketts auf den Markt gebracht. Als Hausbrandkohle wird auch Rohkohle in der näheren Umgebung in größerem Umfange verheizt, da sie in luftigen Schuppen aufbewahrt, ziemlich viel an Feuchtigkeit verliert und dabei an Heizkraft zunimmt. An die Roste stellt sie keine besonderen Anforderungen, wenn dieselben nur groß und weit genug sind und der vorhandene Zug genügt. Der Absatz der Bayer. Braunkohlen-Industrie-A.-G. in Schwandorf hat sich seit 1906 fortlaufend gesteigert. Das erhellt aus dem fortwährenden Anwachsen der Förderung, wie die nachfolgende Tabelle (s. S. 96) ausweist.

Sonach hat die Wackersdorfer Grube bis heute rd. 6 900 000 t Braunkohle geliefert; gegenüber den noch anstehenden, durch Bohrungen sicher festgestellten Vorräten aber ist diese Menge als kaum nennenswert zu bezeichnen.

Braunkohlenförderung der Grube Klardorf.

Jahr	t	Jahr	t	Jahr	t
1906	2 333,500	1911	399 057,610	1916	530 634,240
1907	62 953,400	1912	525 840,480	1917	661 272,480
1908	313 343,100	1913	539 564,640	1918	621 315,840
1909	340 903,580	1914	490 971,840	1919	674 520,480
1910	383 245,780	1915	501 741,600	1920	833 348,160

Über eine weitere Ausdehnung der Verwertungsmöglichkeiten für die Oberpfälzer Rohbraunkohle, insbesondere der Schwandorfer Rohkohle, durch Vergasung derselben wurde schon gesprochen. Wieweit die Entwicklung auf diesem Wege die Wettbewerbsfähigkeit gegenüber anderen Brennstoffen heben wird, muß die Zukunft lehren. Der Kampf mit den entgegenstehenden Eigenschaften des Rohmaterials ist seitens der Braunkohlen-Industrie-A.-G. in zähester Weise und mit Aufwendung großer Mittel geführt worden. Wenn die günstigen Erfahrungen des Versuchslaboratoriums, welches mit der Heller-Generatorenanlage verknüpft ist, durch die Praxis des Großbetriebes noch bestätigt werden und sich die gegenwärtigen Erwartungen erfüllen, so werden die diesbezüglichen Arbeiten auf der Grube Wackersdorf dem ganzen Oberpfälzer Bergbau neue Bahnen zu weiterer Blüte gebrochen haben.

2. Vereinigte Gewerkschaft Schmidgaden-Schwarzenfeld.
Werk bei Schmidgaden und Schwarzenfeld.
(Hierzu Bild Nr. 13 mit Nr. 15.)

Nördlich von Schwandorf, und zwar westlich der an der Bahnlinie Regensburg—Hof gelegenen Station Schwarzenfeld, liegt das Kohlenvorkommen der Vereinigten Gewerkschaft Schmidgaden-Schwarzenfeld. Sie besitzt dort die Gruben Bavariazeche, Schmidgaden, Schwarzenfeld, Christianiazeche, Luitpoldzeche und Marienzeche, ferner östlich davon, und nicht im Zusammenhang mit diesen Feldern, das Grubenfeld Weiding, insgesamt 2943 ha. Die Kohlenablagerung ist in diesen sämtlichen Feldern nachgewiesen, doch sind nur im sog. Buchtal, das im Gebiet der Grubenfelder Bavaria und Schmidgaden liegt, dann beim Ort Schmidgaden selbst und bei der Ortschaft Kögl im Gebiet der Grubenfelder Bavaria und Luitpoldzeche eingehendere Aufschlüsse gemacht. Das Kohlenvorkommen der Gewerkschaft Schmidgaden-Schwarzenfeld ist der nordwestlichste Teil der in der mittleren Oberpfalz vorhandenen größeren Kohlenmassen. Da es schon erheblich näher zum Ausgehenden der gesamten Ablagerung liegt, sind die Flözverhältnisse nicht mehr so günstig wie in dem zentral gelegenen Klardorf. Immerhin ist die Kohle noch gut bauwürdig und zwar im Tagebau zu gewinnen. Das Verhältnis von Kohle zu Abraum bewegt sich in den aufgeschlossenen Gebieten im Durchschnitt zwischen 1 : 1,13 und 1 : 1,46. Die Kohle ist gut von Aussehen und Beschaffenheit, wenig lignitisch und trotz einer gewissen Bitumenarmut brikettierfähig, besonders was die Kohle aus dem Gebiet dicht westlich der Ortschaft Schmidgaden anlangt.

Der Bergbau auf Braunkohle bei Schwarzenfeld geht auf das letzte Jahrzehnt des vergangenen Jahrhunderts zurück. In den 1890er Jahren betrieb in der Nähe der Station Schwarzenfeld die Bayer. Braunkohlen- und Brikettindustrie Schwarzenfeld eine kleine Kohlengrube. Die im Tiefbau gewonnene Kohle stellte sich bei der damaligen Lage des Kohlenmarktes im Verhältnis zu ihrem inneren Wert viel zu teuer. Es wurde daher eine Veredelung durch Brikettierung in einer kleinen Brikettfabrik mit 2 Pressen, die am Bahnhof Schwarzenfeld errichtet wurde, versucht. Es ist jedoch unter den damaligen Verhältnissen nicht gelungen, den Betrieb aufrechtzuerhalten und so kam im Jahre 1904 das ganze Unternehmen wegen der zu hohen Produktionskosten zum Erliegen.

Im Jahre 1917 ging die neue Gesellschaft, die Vereinigte Gewerkschaft Schmidgaden-Schwarzenfeld, welche inzwischen den Bergwerksbesitz und die Anlagen der Bayer. Braunkohlen-Industrie Schwarzenfeld erworben hatte, in Voraussicht der kommenden Kohlennot daran, den Bergbaubetrieb neu zu eröffnen, um durch Gewinnung der dort vorhandenen Kohle ebenfalls zur Behebung des drohenden Mangels beizutragen.

Um die Fehler des früheren Bergbaues zu vermeiden und womöglich in kurzer Zeit größere und für das Wirtschaftsleben nennenswerte Kohlenmengen aufzuschließen und zu gewinnen, verzichtete man auf die alte Methode der Gewinnung im Tiefbau und schritt zum tagebaumäßigen Betrieb. Es lag auf der Hand, daß die neue Bergwerksunternehmung nicht an dem von der alten Gesellschaft betriebenen Werke ansetzen konnte, da das Vorhandensein der alten Grubenbaue dem neuen Bergbau zweifellos erhebliche Schwierigkeiten verursacht hätte. Sie lenkte daher ihr Augenmerk auf das Kohlenvorkommen dicht bei der Ortschaft Schmidgaden und setzte auch dort ihren Tagebau an. Die Verhältnisse für die Gewinnung an diesem Platze waren sehr günstig, besonders da die Überlagerung in einem vorteilhaften Verhältnis zur Mächtigkeit des Kohlenvorkommens stand. Die bereits vorhandene Brikettfabrik wurde wieder instand gesetzt und verbessert, insbesondere hinsichtlich der Kesselanlage. Ferner wurde eine Drahtseilbahn von der Brikettfabrik nach der Grube Schmidgaden gebaut und von der Brikettfabrik Schwarzenfeld ein Anschlußgleis nach der Station Schwarzenfeld gelegt. Trotz aller Schwierigkeiten konnte die Produktion rasch gesteigert werden, so daß sie im Jahre 1920 bereits 600 t pro Arbeitstag betrug. Die ständig wachsende Kohlennot in Bayern veranlaßte im Jahre 1919 die Bayer. Regierung zur Anregung, das Werk durch Anlage einer Grube in der sog. Buchtalmulde , etwa 2 km südlich von dem ersten

Betrieb, nahe bei der Staatsstraße Schwarzenfeld—Amberg, zwischen
den Ortschaften Kögl und Dürnsricht, zu erweitern. Dieser etwas ab-
gelegene Teil des Betriebes mußte durch eine eigene Grubenanschlußbahn mit der Station Schwarzenfeld verbunden werden. Der Bau dieser
Bahn verzögerte sich durch allerlei widrige Umstände, insbesondere
durch einen monatelangen Streik der Arbeiter der die Bahn bauenden
Firma so bedeutend, daß die getroffenen Aufschluß- und Abraum-
anordnungen dadurch in ihrer Zweckmäßigkeit schwer beeinträchtigt
wurden. Immerhin konnte die Förderung aus der Grube noch Ende
des Jahres 1920 aufgenommen werden. Die Förderung der beiden
Gruben war auf täglich 1000 t veranschlagt worden und konnte auch
anstandslos erreicht werden.

Der Krieg und die wirtschaftlichen Auswirkungen des Friedens-
vertrages hatten, wie oben gesagt, dieses Werk ins Leben gerufen und
sein Wachstum gefördert. Die letzten wirtschaftlichen Krisen aber,
gleichfalls eine Folge des verlorenen Krieges, brachten einen Rückschlag
für den Absatz der oberpfälzischen Rohbraunkohle überhaupt und der
Schmidgaden-Schwarzenfelder Kohle im besonderen. Es bedurfte des
stetigen Einflusses der mit der Kohlenbewirtschaftung betrauten
amtlichen Stellen, um der bayerischen Rohbraunkohle einen für sie
auskömmlichen Absatzpreis und damit den auf sie bauenden Werken die
zu ihrer Erhaltung nötige Mindestabsatzmenge zu sichern.

Es ist klar, daß gerade neue Werke, deren Aufschluß- und Vorrichtungsarbeiten unter den sehr hohen Nachkriegspreisen zustande gekommen sind, unter den sich einstellenden Absatzschwankungen vorzugsweise zu leiden haben. So war Schmidgaden-Schwarzenfeld gezwungen,
seinen auf größere Leistungen berechneten Betrieb vorerst einzuschrän-
ken, ja sogar Teile davon überhaupt einzustellen. Es besteht jedoch
die begründete Hoffnung, daß beim Fortschreiten der Technik in der
Verfeuerung von Rohbraunkohle, insbesondere zur Speisung von
Überlandwerken, auch dieser Braunkohlengrube wiederum günstige
Absatzmöglichkeiten erschlossen werden.

In technischer Beziehung sind die beiden Tagebaubetriebe Schmidgaden und Buchthal denen von Dettingen ähnlich, nur erheblich kleiner.
Der Abraum wird mit Baggern weggenommen und mit Dampfbahnen
zur Kippe gebracht. Die Gewinnung im Tagebau bei Schmidgaden
geschieht vorzüglich durch Schurrenbetrieb. Die Förderwagen laufen
auf an dem Liegenden des Vorkommens verlegten Gleisen und werden
aus den Schurren beladen. Eine Kettenbahn führt sie bis zur Drahtseilbahn, wo die Wagenkästen von den Fahrgestellen abgehoben und in die
Bügel der Seilbahn eingehängt werden, so daß eine Umladung der Kohle
beim Übergang von der einen Transporteinrichtung zur anderen vermieden wird.

Die Kohlengewinnung im Buchthal geschieht durch Dampfschaufeln.
Aus den Hinterstellungsgleisen des Grubenbahnhofes führt ein Schienen-
strang in Normalspurweite bis an den Kohlenstoß heran, auf dem die
Staatsbahnwagen bis zum Bagger gebracht werden können. Von diesem

werden sie unmittelbar vom Arbeitsstoß weg beladen. Alle verteuernden Zwischenglieder, wie Verladen in Förderwagen, Kettenbahnförderung u. dgl. fallen hinweg. Allerdings muß dagegen in Kauf genommen werden, daß eine Sortierung der Kohle nur in sehr beschränktem Maße möglich ist und die sich einstellenden Ton- und Lettenschmitzen nur schwer ausgehalten werden können.

Die vorerwähnte Drahtseilbahn bringt die Kohle direkt auf die Bunker der Brikettfabrik, während für die Kohle aus der Buchtalmulde, soweit sie auf der Grubenanschlußbahn nach dem Bahnhof Schwarzenfeld gelangt, der Versand als Rohbraunkohle vorgesehen ist. Über die Brikettfabrik selbst ist nichts besonderes zu sagen. Sie kann selbst bei vollem Betrieb nur einen Teil der Schmidgadener Kohle verarbeiten. Eine Vergrößerung derselben ist in Aussicht genommen, so daß dann durch Veredelung größerer Kohlenmengen auch für Schwarzenfeld günstigere Absatzbedingungen, als augenblicklich, gegeben sein werden. Die Produktion des Werkes ist aus nachstehender Tabelle ersichtlich.

**Kohlenförderung der Braunkohlengrube
Schmidgaden-Schwarzenfeld.**

Jahr	t
1918	5 311,60
1919	110 395,10
1920	174 065,08
I—VI 1921	74 114,48
Summa:	363 884,26

Die Anlage des gesamten Werkes ist derart, daß es bei eintretenden Kohlenschwierigkeiten in kürzester Zeit seine Produktion erheblich vergrößern kann.

In wirtschaftlicher Hinsicht kommt dem Werk zustatten, daß vor kurzem die kapitalkräftige und außerordentlich zielsicher geleitete Bayer. Braunkohlen-Industrie-A.-G. in Schwandorf die Hauptbeteiligung erworben hat. Dadurch ist eine sonst etwa mögliche und der Entwicklung des Werkes abträgliche Konkurrenz zwischen den beiden Gruben ausgeschaltet, was um so wichtiger ist, als auch Schwarzenfeld über einen Kohlenvorrat verfügt, der eine länger währende Lebensdauer des Werkes gewährleistet.

3. Bayerische Überlandzentrale A.-G. in Ibenthann bei Haidhof. Braunkohlengrube Haidhof.

(Hierzu Bild Nr. 16 bis mit 20.)

Haidhof ist das südwestlichste der großen oberpfälzischen Braunkohlenwerke. Es ist auch, wenn man von den über ganz primitiven Ansätzen nicht hinausgekommenen Arbeiten zu Beginn des vergangenen Jahrhunderts auf Grube Klardorf absieht, das älteste Werk, da es bis in die 1860er Jahre zurückreicht. Es mag wohl das in der Nähe gelegene Eisenwerk Haidhof der Eisenwerkgesellschaft Maximilianshütte mit die Veranlassung gewesen sein, daß der Braunkohlenbergbau in dortiger Gegend stark betrieben wurde. Wurde doch auch der größte Teil der Förderung, die sowohl im Tiefbau wie auch im Tagebau gewonnen wurde, mittels Pferdebahn den Kesseln der Eisenwerkgesellschaft Maximilianshütte zugeführt, während ein kleiner Teil im Landabsatz und auch im Bahnabsatz über die Industriegleisanlage der Maximilianshütte versandt wurde. Auf dem Werke der Maximilianshütte wurden auf Kosten und Gefahr der Braunkohlenbergwerksgesellschaft Henkel & Co., die das Werk Haidhof besaß, Kessel für Braunkohlenfeuerung aufgestellt, um die Maximilianshütte von fremder Kohle unabhängig zu machen. Diese Kessel wurden später von der Maximilianshütte übernommen. Im Jahre 1898 ging das Braunkohlenwerk Haidhof in den Besitz der Oberpfälzer Braunkohlengewerkschaft Haidhof über, von der es dann im Jahre 1908 die neu gegründete Bayerische Überlandzentrale A.-G., mit dem Sitz der Verwaltung in Regensburg, übernahm. In allerjüngster Zeit ist Haidhof in das Eigentum des Kreis-Überlandwerkes der Oberpfalz übergegangen.

Die Bayerische Überlandzentrale besitzt die Grubenfelder: Consolidiertes Haidhof I, Haidhof II und Theresia Bergmannsheil bei Haidhof, ferner Theresia Geller von Kühlwetter und Wilhelmzeche bei Klardorf, Heinrichzeche bei Schmidgaden, Fortunazeche, Gut Glück, Haselhof, Schwaighausen und Gustav zwischen Naab und Regen nordwestlich von Stadtamhof, endlich Friederike, Heinrich, Josef und Regina bei Abbach. Der Gesamtinhalt dieses Grubenfeldbesitzes beträgt 7845 ha. Wie schon vorausgehend erwähnt, liegt der Betrieb bei Haidhof, woselbst er auf das Grubenfeld Consolidiertes Haidhof I beschränkt ist. Hier sind die Ablagerungsverhältnisse, die sich in der breiten Tertiärlandschaft von Klardorf so günstig gestalten, lange nicht mehr so befriedigend, da das Tertiärgebiet hier schon ganz erheblich durch ältere Schichten eingeengt ist, wie die geologischen Ausführungen ersehen lassen. Die Braunkohlenablagerung ist denn auch nicht mehr eine so homogene wie in Klardorf, selbst nicht wie in Schmidgaden-Schwarzenfeld. Die Braunkohlenmasse ist durch Einschaltung verschiedener in ihrer Mächtigkeit wechselnder toniger Zwischenmittel in 5 Flöze getrennt, deren Mächtigkeit in der Reihenfolge von oben nach unten gerechnet 2,35 m, 2,30 m, 4,33 m, 2,46 m und 2,30 m im Durchschnitt beträgt. Dazu kommt noch, daß das Lager durch aus dem Untergrund plötzlich steil aufsteigende Kalkrippen in eine Reihe verschieden großer Mulden untergeteilt ist. Diese Verhältnisse machen die Anordnung des Abbaues, gleichviel ob Tief- oder Tagebau in Frage kommt, für einen größeren Betrieb sehr schwierig, wenn man nicht von vornherein mit unverhältnismäßig hohen Kohlenlusten rechnen will. Allerdings begünstigte sie die kleinen Betriebe der früheren Zeit, aus denen allmählich das Werk Haidhof erst entstanden ist, die oft mit den primitivsten Mitteln arbeiten mußten und dann ihren Abbau gewöhnlich nur auf ein oder zwei Flöze beschränkten. Man begnügte sich im allgemeinen mit der Auskohlung des sog. 1. Flözes und betrieb nach der heutigen Auffassung einen regelrechten Raubbau. Immerhin wurde das Kohlenvorkommen auch seinerzeit schon so hoch eingeschätzt, daß die Maximilianshütte ihren Betrieb bei Haidhof-Burglengenfeld seinetwegen errichtete. Dieses Werk war denn auch zusammen mit der Regensburger Zuckerfabrik ursprünglich der Hauptabnehmer der geförderten Kohle. Indes verringerten diese beiden ihre Bezüge mehr und mehr, so daß der Kohlenbergbaubetrieb wesentlich zurückging.

Auf dem Braunkohlenwerk Haidhof wird die Kohle zurzeit sowohl aus dem Tief- wie aus dem Tagebau gefördert. Der Tiefbau geht gegenwärtig im 1. und 3. Flöz um und wird in der Form des Pfeilerbruchbaues ausgeführt, d. h. es werden immer zuerst am Rande des betreffenden vorgerichteten Feldteiles die Flöze ausgekohlt, sodann rückt der Betrieb immer näher gegen die in der Mitte durchgetriebene Grundstrecke heran. Die entstehenden Hohlräume läßt man in sich zusammenbrechen. Das ist um so leichter möglich, als die Erdoberfläche der Oberpfälzer Landschaft in der dortigen Gegend nur schlecht bestandene Föhrenwälder und Heide trägt, die Wertverminderung der Erdoberfläche, die in den Preis der anfallenden Kohlen hineingerechnet werden muß, auf die Tonne bezogen infolgedessen nur eine sehr geringe ist. Bei der doch ziemlich lang anhaltenden wagrechten Lage der einzelnen Kohlenflöze erstrecken sich mehrere Netze unterirdischer Strecken auf größere Ausdehnung übereinander. Es ist deshalb eine peinliche Planmäßigkeit bei der Durchführung des Bruchbaues nötig, damit nicht der Bruchbereich des tiefer liegenden Abbaues etwa die noch anstehende Kohle der höher gelegenen Ablagerung erfaßt und deren Abbaumöglichkeit vernichtet. In dem gegenwärtig betriebenen Grubenteil ist durch zu schnelles Vortreiben der Baue in der 3. Sohle aus früherer Zeit her schon die Möglichkeit, das 2. Flöz zu gewinnen, genommen worden. Die Kohle wird mit Handförderung durch die Abbaustrecken der in der Grubenstrecke verlegten Kettenbahn zugeführt, die sie zu dem technisch sehr richtig im Muldentiefsten angesetzten Förderschacht bringt. Dort wird sie nach Übertage gehoben und von hier aus auf einer etwa 350 m langen eisernen Förderbrücke ebenfalls mit Kette ohne Ende zur elektrischen Überlandzentrale gebracht, die außerhalb des Bereichs der Abbauwirkungen angelegt ist.

Die Arbeitsweise beim Pfeilerbruchbau ist die billigste, die es im Tiefbau überhaupt gibt, vorausgesetzt, daß eben die durch die Beschädigung der Erdoberfläche erwachsenden Kosten gering bleiben und im Bereich der Abbaue irgendwelche andere unterirdische Anlagen nicht mit großen Kosten in dem zu Bruch gebauten Gebirge weiter unterhalten werden müssen. Die Arbeitsleistungen sind verhältnismäßig hoch, weil der Betrieb sich fast ausschließlich mit der Kohlengewinnung befaßt und Nebenarbeiten beinahe vollständig entfallen.

Immerhin lassen sich aber bei dem beschränkten Umfange, der durch die Ablagerungsverhältnisse der Grube gegeben ist, die Förderleistungen nicht mehr ausgiebig steigern. Im Verhältnis zum Wert der Rohbraunkohle sind die Aufwendungen an Löhnen sehr hoch. Dazu kommt, daß noch erhebliche Kosten für den Grubenausbau erstehen, die besonders durch das bei Vorhandensein von Ton in erhöhtem Maße druckhafte Gebirge gesteigert sind.

Der sich aus der allgemeinen Kohlenlage ergebende Zwang, die Kohlenförderung auch auf den Braunkohlengruben zu steigern, der sich bereits zu Kriegsende, in erhöhtem Maße aber seit dem Winter 1918/19 einstellte, hat auch das Werk Haidhof veranlaßt, soweit es die Überlagerung ermöglichte, zum Tagebaubetrieb überzugehen. Dieser Tagebaubetrieb ist südlich von dem Grubenbetrieb und dicht westlich der Überlandzentrale angelegt. Indessen stellte die Zersplitterung der Ablagerung durch Einschaltung der mächtigen Tonmittel die Tagebautechnik vor schwierige Aufgaben. Das oberste Flöz kann unmittelbar nach dem Abräumen der Überdeckung abgebaut werden. Dann aber muß wieder ein Abraumbetrieb einsetzen, um das zwischen dem ersten und zweiten Flöz liegende Zwischenmittel zu entfernen, und so geht es weiter bis hinunter zum 5. Flöz. Es wechselt also ständig das Abräumen von Zwischenlagen mit der Gewinnung der Kohlenflöze. Daß die Zwischenmittel in der Tonwarenfabrikation nutzbringend verwertet werden können, anstatt daß sie auf die Kippe gebracht werden müssen, ändert nichts an der technischen Schwierigkeit der Anordnung des Tagebaues. Um die Förderleistung möglichst hoch zu gestalten, mußten die 5 Flöze und die 4 Abraumschichten zwischen ihnen zu gleicher Zeit in Betrieb genommen werden. Diese Notwendigkeit führt zu einer terrassenförmigen Ausbildung des Tagebaues. Die maschinelle Bearbeitung ist dadurch erschwert, daß eine große Anzahl von Maschinen mit zahlreicher Bedienungsmannschaft notwendig ist, während der Einzelvorrichtung nur geringe zu bewältigende Massen zugewiesen werden können. Weiterhin tritt noch der Nachteil ein, daß die Förderung bei dem Transport auf den Etagen sehr zersplittert ist und wenigstens bis zu den größeren Sammelstellen von Hand bewältigt werden muß, bis sie durch eine schräg aufsteigende Kettenbahn aufgenommen und der elektrischen Zentrale zugeführt werden kann. Nichtsdestoweniger ist aber eine solche Anlage gegenüber dem Tiefbaubetrieb immerhin günstig und erscheint, soweit nicht die Überlagerung infolge des Einfallens der Flöze zu mächtig wird, die gegebene Arbeitsmethode für eine Anlage, wie Haidhof, zu sein. Die Ablagerungsverhältnisse lassen es weiterhin zu, in Feldesteilen, in denen die Kohle für den Tagebau zu tief liegt, vom Tagebau aus in einfallenden Strecken in der Kohle nach dem Tiefbau zu vorzugehen und von diesen Hauptstrecken aus den Abbau unterirdisch zu betätigen. In den Hauptstrecken werden zweckmäßig Kettenbahnen eingerichtet, die die Kohle zunächst auf die betreffende Tagebauetage und von hier aus über die Tagebaukettenbahn der Überlandzentrale zuführen. Dadurch entfällt die stoßweise und teuere Förderung im Schachtbetrieb, die besonders bei wenig tiefen Schächten unwirtschaftlich ist. Nach den ganzen lagerstättlichen Verhältnissen bietet die Grube Haidhof, wenn sie auch augenblicklich nicht in der

Lage ist, den günstigeren Tagebaubetrieben die Wage zu halten, doch für eine schon nahe Zukunft, wenn die Tagebaubetriebe vor allem in Norddeutschland mehr und mehr verschwinden, günstige Entwicklungsmöglichkeiten.

Solange die Grube Haidhof sich ausschließlich mit der Förderung von Kohlen befaßte, hatte sie das Interesse, das gewonnene Produkt durch Brikettieren zu veredeln. 1906 wurde eine Brikettfabrik mit zwei Pressen, die eine Tagesleistung von 100—200 t hatten, und eine gut arbeitende Sortierungsanlage errichtet. In Verbindung damit stand eine kleine elektrische Anlage, die auch den Tiefbau mit Kraft und Licht versorgte. Eine eigene Gleisanlage nach der Station Ponholz der Hauptstrecke Regensburg—Hof ermöglichte einen günstigen Versand des Produktes. Der Heizwert der Briketts lag zwischen 4500 und 4800 WE. Es wurden Verdampfungsziffern von 4,2—4,5 erreicht. Die Ergebnisse der Brikettfabrikation, die im März 1907 in Betrieb genommen wurde, befriedigten jedoch nicht, da die Haidhofer Kohle sich für die Brikettierung nach dem damaligen Stand der Technik nicht zu eignen schien. Der der Oberpfälzer Kohle überhaupt anhaftende Nachteil der geringen Wetterbeständigkeit scheint hier schwer empfunden worden zu sein. Es wurde daher schon im Frühjahr 1908 die Brikettfabrik wieder stillgelegt. Außer der Brikettfabrikation wurden eingehende Vergasungsversuche angestellt und ein Gas von 1150—1250 WE erzeugt. Doch haben auch diese Versuche keine günstigen Resultate ergeben und waren vielleicht mit die Veranlassung, daß man in weiten Kreisen der Oberpfälzer Kohle die Vergasungsmöglichkeit abgesprochen hat, eine Annahme, die inzwischen in erfreulicher Weise durch die Leistungen der Gewerkschaft Klardorf widerlegt worden ist. An Stelle der Brikettfabrikation beschritt die Überlandzentrale-A.-G. neue Wege zur Verwendung der Rohkohle. Sie errichtete unmittelbar neben der alten Brikettfabrik eine kleine elektrische Zentrale, um die Kohlenenergie in elektrische umzuwandeln und in dieser Form dem Verbraucher auf der Hochspannungsleitung zuzuführen. Diese Form der Kohlenverwertung hat ähnlich wie in Dettingen heute entschieden und endgültig gesiegt, nachdem das Absatzgebiet für die elektrische Kraft unter dem Einfluß der neuen Zeit immer aufnahmefähiger geworden ist. Die elektrische Zentrale hat 4 Steinmüller- und 2 MAN-Wasserröhrenkessel mit einer Gesamtheizfläche von 1560 qm. Weitere Kessel werden im Laufe des Sommers 1921 Aufstellung finden, um die Leistung der elektrischen Zentrale zu erhöhen. Im Jahre 1920 wurde erstmals und restlos der Zentralenbedarf aus der eigenen Förderung gedeckt. Die Überlandzentrale ist ein durchaus modernes mit Dampfturbinen ausgestattetes Werk, das im großen und ganzen ähnlich wie die später geschilderte Dettinger Zentrale eingerichtet ist. Es ist von Interesse, die Förderung und die Energieerzeugung des Werkes kennenzulernen, worüber nachstehende Tabelle, welche von der Direktion des Werkes in liebenswürdigster Weise zur Verfügung gestellt wurde, Auskunft gibt:

Kalender- jahr	Förderung t	Energieerzeugung kW
1909	24000	—
1910	24900	515230
1911	25951	3081200
1912	31394	4401400
1913	46695	6615942
1914	58947	9885449
1915	52108	9024270
1916	53127	9620640
1917	60187	11152445
1918	82106	11745203
1919	86475	12011610
1920	121677	15973179

4. Eisenwerkgesellschaft Maximilianshütte A.-G. in Rosenberg, „Braunkohlenbergbau im Sauforst".

Bereits um die Mitte des vorigen Jahrhunderts wurde von der Eisenwerkgesellschaft Maximilianshütte in Rosenberg im sogen. Sauforst bei Haidhof die Ausbeutung des dortigen Braunkohlenvorkommens in einem für die damalige Zeit beträchtlichen Umfange betrieben. Die gewonnenen Braunkohlen wurden in der Maxhütte bei Haidhof, welche dem Vorkommen großenteils ihr Entstehen verdankt, verwertet. Der Braunkohlenbergbau dortselbst erlag jedoch in den neunziger Jahren bei fortschreitender Verbesserung der Verkehrsverhältnisse dem ungehemmten Wettbewerb hochwertiger Kohlen, namentlich böhmischer Braunkohle.

Damals wurde in den Grubenfeldern »Ludwig«, »Theresia-Bergmannsheil« und »Austria I« bei Sauforst besonders das 1. Flöz, weitgehend abgebaut. Neuerdings, gegen Ende des Krieges, ging die Eisenwerkgesellschaft Maximilianshütte zur Linderung der allgemeinen Kohlennot an die Wiederaufschließung ihres bei der Ortschaft Maxhütte gelegenen Grubenfeldes »Austria I«, das in seinem östlichen Teile noch unverritzt war. Im Jahre 1919 wurde nach einer Reihe von Bohrungen in der Nähe der Ortschaft Maxhütte ein 20 m tiefer Versuchsschacht zur genaueren Untersuchung des Kohlenvorkommens niedergebracht, mit welchem mehrere 1—3 m mächtige Braunkohlenflöze durchteuft wurden. Darauf wurde zur Entwässerung des Grubenfeldes im Jahre 1920 von einem Einschnitt nördlich der Bahnlinie Haidhof-Burglengenfeld aus bei der Haltestelle Maxhütte ein Entwässerungsstollen in südlicher Richtung in das Grubenfeld vorgetrieben, welcher eine Länge von 122 m erreichte und ein Kohlenflöz von etwa 1 m Mächtigkeit sowie einige gut verwendungsfähige Tonflöze durchfuhr. Ein größerer Schwimmsandeinbruch setzte dem Vordringen zunächst ein Ziel und führte zur vorläufigen Beendigung der Aufschließungsarbeiten.

Außerhalb des Gebietes des » Sauforst« fanden noch Untersuchungsarbeiten statt in dem Braunkohlengrubenfeld »M a t h i a s z e c h e« bei
Sitzenhof, ferner in den Braunkohlengrubenfeldern »M a r i e« bei Wackersdorf und »L u d w i g« bei Steinberg. Die Untersuchungen der Grubenfelder führten jedoch vorerst nicht zur weiteren Aufschließung.

Wie aus vorstehendem ersichtlich ist, hat die Eisenwerkgesellschaft Maximilianshütte in ihren Braunkohlengrubenfeldern eine recht
lebhafte Aufschlußtätigkeit ausgeübt. Sie erwägt die Erzeugung von
elektrischer Energie für ihre eigenen Betriebe sowie die Herstellung
eines Braunkohlengases, das für die metallurgischen Prozesse geeignet
ist. Ihre endgültigen Entschlüsse sind aber noch nicht gefaßt.

5. Gewerkschaft Hindenburg in Schirnding. Braunkohlengrube Hindenburg bei Schirnding.

(Hierzu Bild Nr. 21.)

Die Braunkohlengrube Hindenburg bei Schirnding baut dicht an
der bayerisch-böhmischen Grenze, südlich der Staatsstraße Arzberg—
Eger. Das Grubenfeld Hindenburg, das im Eigentum der gleichnamigen
Gewerkschaft steht, hat eine Größe von 800 ha. Die Arbeiten wurden
im Laufe des Jahres 1919 aufgenommen und zunächst nur in ganz
kleinem Maßstab durchgeführt, um einerseits den Umfang der Ablagerung der Kohle festzustellen, anderseits einen kleinen Gewinnungs-
betrieb auf Kohle zum Absatz für die nächste Umgebung zu unterhalten.
Da sich zeigte, daß die Ablagerung eine größere Ausdehnung hatte, als
man vorher vermuten mochte, wurden die Arbeiten seit Beginn des
Jahres 1920 energischer aufgenommen. Der östliche Teil des Grubenfeldes wurde an die leistungsfähige und tatkräftige Firma Heilmann
& Littmann verpachtet, die in der Folge dann auch Gewerkin der Gewerkschaft Hindenburg geworden ist. Die Firma Heilmann & Littmann
eröffnete den Betrieb sogleich mit großen Mitteln und unter Aufwand
ganz erheblicher Kosten. Es zeigte sich bald, daß für einen Teil der
Ablagerung die Tagebau die geeignete Gewinnungsform ist, weshalb die
Firma Heilmann & Littmann mit Baggern, und zwar 2 Löffelbaggen und
einem Eimerkettenbagger, an die Arbeit ging. Da die Überdeckung immerhin ziemlich sumpfig war, mußte zunächst für die Entwässerung gesorgt
werden, was in ausreichender Weise durch Herstellung eines tief ein-
geschnittenen Wasserablaufgrabens geschah. Weiterhin sorgte die
Firma schon beizeiten für die Abfuhr der gewonnenen Kohle vor. Es
wurde an der Bahnstrecke Marktredwitz—Eger bei km 140 eine Industriegleisanlage erstellt. Der Abbau wurde in der Weise geführt,
daß die Kohle von den auf dem Liegenden derselben stehenden Bagger
in die Kippwagen verladen wurde, die mit Lokomotive auf einem Schmal-
spurgleis zur Verladerampe des Grubenbahnhofes gefahren werden konnten, während der Abraum durch einen auf der Kohle arbeitenden Löffelbagger weggeschöpft und in die Kippwagen des am Böschungsrande
auf dem Abraum stehenden Abraumzuges entleert wurde. Dieser sollte

das abgeräumte Material nach der in entgegengesetzter, also südwestlicher Richtung, außerhalb der Kohlenablagerung angelegten Kippe fahren. Sobald die Auskohlung weit genug vorgeschritten war, sollte der Abraum in den ausgekohlten Teil gelagert werden. Die Firma Heilmann & Littmann hat alle notwendigen Anlagen in durchaus genügendem Umfange beigeschafft. Inzwischen wurde auch die Untersuchung des Feldes mit Flachbohrungen weiter fortgesetzt. Leider fielen diese Arbeiten schon in die Zeit des Eintrittes der ungünstigen Konjunktur für die Braunkohle. Es stellte sich erheblicher Absatzmangel ein, obwohl die Grube schon in der Lage gewesen wäre, täglich etwa 50 Waggons abzuführen. Die Leitung stand daher vor der Frage, ob die Grube vollständig stillzulegen sei oder ob nicht in beschränktem Umfange ein Betrieb noch aufrecht erhalten werden sollte. Man entschloß sich zu letzterem, wobei man allerdings den Abraum und den Tagebaubetrieb einstellen mußte, dafür aber vom Tagebau aus mit einer Strecke söhlig in das Kohlenflöz hineinfuhr und hier einen Pfeilerrückbau vorrichtete, wie er in Haidhof, das weiter oben beschrieben wurde, eingerichtet ist. Für den Untertagebetrieb ist der Umstand günstig, daß die Überlagerung nicht ausschließlich aus Ton besteht, so daß eine zu hohe Beanspruchung des Grubenausbaues nicht eintritt. Der Tiefbau ist ferner so angelegt, daß er dem später wieder einsetzenden Tagebau keine Schwierigkeiten bereitet, da er sich in einem Bezirk bewegt, der ohnedies für den Tagebau nicht mehr in Frage gekommen wäre. In allerneuester Zeit mußte allerdings auch dieser Betrieb noch ganz wesentlich eingeschränkt werden. Es darf jedoch die berechtigte Erwartung ausgesprochen werden, daß mit der Hebung der allgemeinen Braunkohlenlage auch für Schirnding wieder günstigere Zeiten anbrechen. Allerdings kann nicht verschwiegen werden, daß Schirnding wegen seiner Lage an der Bahnstrecke, die die wertvolleren böhmischen Kohlen herbeischafft, stets mit diesen einen schweren Konkurrenzkampf zu führen haben wird.

Das Verhältnis zwischen Überlagerung und Kohlenmächtigkeit ist sehr wechselnd. Es schwankt in dem für den Tagebau in Frage kommenden Teil der Grube zwischen 1 : 1,2 und 1,8 : 1. Über die Verwertung der Kohle an sich sind die Untersuchungen noch nicht abgeschlossen. Eine Verwendung zu Briketts wird wohl nicht in Frage kommen. Dagegen könnte der Heizwert durch geeignete Separation der Rohkohle immerhin noch wesentlich erhöht werden. Denkbar wäre auch die Verwendung der Kohle für Verfeuerung in einem Kraftwerk, aber auch hier müßte erst noch eine über das bisherige Maß hinausgreifende Untersuchung des Grubenfeldes eintreten, um die entsprechende Lebensdauer der Grube für diesen Zweck zu erweisen.

Schwierigkeiten hinsichtlich der Einstellung der benötigten Mannschaften hat die Grube nicht gehabt. Es stellten sich jederzeit gerne Arbeitskräfte zur Verfügung, die sogar stundenlange Wege zur Grube nicht scheuten. Für Unterbringung der Leute wurde, soweit es der Umfang des Betriebes an sich erlaubte, gesorgt.

6.—10. Die kleineren Gruben des Oberpfälzer Beckens und der Donauniederung.

Gewerkschaft Karolinenzeche: Braunkohlengrube Karolinenzeche bei Eichhofen.

Papierfabrik Alling: Braunkohlengrube Ludwigszeche bei Alling.

Mayer & Reinhard in Dechbetten. Braunkohlengrube Friedrichzeche bei Prüfening.

Deutsch-Luxemburgische Bergwerks- und Hütten-A.-G. in Dortmund. Braunkohlengrube Hedwigzeche bei Dechbetten.

Portlandzement- und Kalkwerk Abbach in Abbach. Braunkohlengrube Donaufreiheit bei Kapfelberg.

Südlich von der Grube Haidhof sind zurzeit in den gleichen Schichten, auf welche die die drei großen Oberpfälzer Gruben bauen, noch die Gruben „Karolinenzeche" bei Eichhofen, „Ludwigszeche" bei Alling, „Friedrichzeche" bei Prüfening, „Hedwigzeche" bei Dechbetten und „Donaufreiheit" bei Kapfelberg (Abbach) in Betrieb. Sie sind fast sämtlich wegen der die Flözmächtigkeit um ein Vielfaches übersteigenden Überlagerung keine Tagebaugruben mehr, sondern Tiefbaugruben. Sie haben auch noch eine andere Eigenart, nämlich daß die Kohlengewinnung bei ihnen weder des Verkaufs wegen noch zum Betrieb eines Überlandwerkes geschieht, sondern vielmehr dazu dient, für dort bereits bestehende Industrien das notwendige Feuerungsmaterial zu liefern.

Die Grube „Karolinenzeche" bei Eichhofen ist schon seit den 1880er Jahren in Betrieb und gibt ihre Kohle der dort bestehenden Ziegelei, die aus den ebenfalls an Ort und Stelle gewonnenen Braunkohlentonen ein geschätztes Baumaterial herstellt. Durch diesen Betriebszweck ist naturgemäß der Umfang der Förderung stets ein geringer gewesen, wodurch aber auf der anderen Seite die Lebensdauer des Betriebes in Anbetracht des verhältnismäßig engbegrenzten Vorkommens erheblich verlängert wurde. Das Kohlenflöz wurde seinerzeit beim Ausheben des Bahneinschnittes der Strecke Regensburg—Nürnberg entdeckt. Der Abbau erfolgte zu beiden Seiten der Bahnlinie, und zwar in der Weise, daß von den Grenzen der Lagerstätte gegen die Förderschächte zu Pfeilerrückbau getrieben wurde.

Die „Friedrichzeche" bei Prüfening ist eng mit der dort bestehenden Ziegelei und Tonwarenfabrik verbunden. Die Kohle wird gemeinsam mit dem Ton gewonnen und für die Feuerung des Fabrikbetriebes verwendet.

Wesentlich größeren Umfang hat der Betrieb der Gewerkschaft „Ludwigszeche" bei Alling, der in dem 1924 ha großen Grubenfelde gleichen Namens umgeht. Der Betrieb gehört nunmehr der Papierfabrik Alling, die die gewonnene Braunkohle in ihrem Betrieb verwendet. Die Anlage ist mit ganz erheblichen Kosten erstellt. Eine 4 km lange Förderbahn mit Benzinlokomotivenbetrieb verbindet das Werk mit der Papierfabrik. Das 2,2 m mächtige Flöz, das fast horizontal abgelagert ist, wird schachbrettartig vorgerichtet und von dem Ausgehenden her gegen den Schacht im Pfeilerrückbau gewonnen. Der nicht große Wert der auf der Erdoberfläche liegenden Kulturen gestattet es, ohne Bergeversatz zu arbeiten und die Oberfläche zu Bruch zu bauen. Bei der Gleichmäßigkeit des Abbaues sowohl, wie der Einheitlichkeit der 26 m mächtigen überdeckenden Schichten ist die Gefahr einer weitgehenden Verwüstung der Erdoberfläche durch ungleichmäßiges Niedergehen des Hangendgebirges nicht groß; es wird sich vielmehr die Oberfläche verhältnismäßig gleichmäßig niedersenken. Die Grube hat den Vorteil für sich, daß die in ihr vorhandenen nicht unerheblichen Wasser nicht nach Übertage gehoben zu werden brauchen, sondern fallend einem in der Grube angefahrenen sog. Rauhloch des Weißen Jura zugeleitet werden können, in dem sie versinken.

Die Braunkohlengrube „Hedwigzeche" bei Dechbetten ist erst in neuester Zeit angelegt und noch in Vorrichtung. Sie steht im Eigentum der Deutsch-Luxemburgischen Bergwerks- und Hütten-A.-G. in Dortmund, der auch die anschließenden Grubenfelder, Louisenzeche, Louisenzeche I—VII, Glückauf und Glückauf I mit einem Gesamtflächeninhalt von 6446 ha gehören.

Die Grube „Donaufreiheit" endlich bei Kapfelberg gehört mit den Grubenfeldern Zwei Löwen und Frisch Glück mit einem Flächeninhalt von insgesamt 2354 ha dem Portlandzement- und Kalkwerk Abbach, A.-G. Die Grube ist ähnlich angelegt wie die Ludwigszeche bei Alling. Im Schacht ist als Fördereinrichtung ein kontinuierlich laufendes Becherwerk eingebaut. Die Förderung wird dem Zement- und Kalkwerk zugeführt.

In der Donauniederung und den daran anschließenden Gebieten ist in denselben Tertiärschichten auch sonst Braunkohle in mehr oder weniger ergiebigem Umfange abgelagert. Greifen wir weiter westlich, so treffen wir im Rieskessel solche Ablagerungen, die teilweise schon in älterer Zeit zu Abbau führten. Der älteste Grubenbetrieb, der auch in neuerer Zeit wieder aufgemacht wurde, ist derjenige der „Concordiazeche". Diese gehört der Gewerkschaft gleichen Namens und liegt auf der Höhe östlich von Wemding dicht an der Straße Wemding—Monheim. Die zurzeit betriebenen Arbeiten bezwecken in erster Linie Aufschluß und Vorrichtung der Grube, insbesondere auch Klarheit über die Mächtigkeit der vorhandenen Kohle, die nach alten Berichten 4 m betragen haben soll, zu gewinnen. Die bis jetzt aufgefundene Kohle hat erdig-mulmige Beschaffenheit.

Im Rieskessel selbst, zwischen der Stadt Nördlingen und dem Wildbad Wemding, sind ebenfalls seit über einem Jahr Betriebe auf die dort abgelagerte Braunkohle entstanden. Auch sie beschränken sich zunächst auf die Aufsuchung und Vorrichtung derselben. An Grubenfeldern sind verliehen die Felder Heubergzeche und Mörsbrunnerzeche mit je 800 ha. An diese schließen sich dann noch die zur Aufsuchung und Gewinnung von Braunkohlen erteilten Konzessionen Heuberg, Muningen, Wechingen, Möderhof und Löpsingen an. Diese gehören sämtliche der Fa. Kalkwerk und Hartsteinfabrik Wemding, G. m. b. H., in Wemding.

Die Kohle hat durchschnittlich 2035 WE und einen Wassergehalt von 35%, brennbare Substanz von 52% und einen Aschengehalt von 13%. Der Grubenbetrieb liegt im Konzessionsfeld Möderhof zwischen den Haltestellen Löpsingen und Deiningen der Bahnlinie Nördlingen—Wemding. Dort ist ein Schacht auf 23,8 m Tiefe niedergebracht, in dem die Kohle in zwei Flözen angefahren wurde, die durch ein aus bituminösem Letten bestehendes Zwischenmittel getrennt sind. Es ist beabsichtigt, den Bitumengehalt dieser Zwischenmittel nutzbar zu machen. Die gewonnene Kohle wird zunächst dem Fabrikbetrieb der Besitzerin in Wemding zugeführt.

Donauabwärts, östlich von Regensburg, ist in Schwanenkirchen bei Hengersberg, im Bezirksamt Deggendorf, ein Werk entstanden, das zurzeit pachtweise von der Stadt Deggendorf betrieben wird. Die zugehörigen Grubenfelder gehören der Gewerkschaft Josefzeche und umfassen ein Gebiet von 4000 ha. Auch dieser Betrieb ist zurzeit noch in Vorrichtung. Die vorerst noch geringe Produktion wird in der Umgebung abgesetzt, die Nachfrage nach der Kohle ist, soweit bekannt, erheblich. Es ist in der Hauptsache mit 2 Flözen zu rechnen, die durch ein toniges Zwischenmittel voneinander getrennt sind. Die Mächtigkeit erreicht bis zu 3 m und darüber. Ein drittes Flöz, das hoch über diesen beiden liegt, konnte bisher nicht als bauwürdig erkannt werden. Von Wichtigkeit für die Grube ist noch, daß die die Kohle begleitenden Tone ebenfalls verwertbar sind, wodurch dem Werk für den Fall, daß der Absatz der Kohle Schwierigkeiten bereiten sollte, immerhin nicht ungünstige Aussichten eröffnet bleiben, insoferne als die Kohle mit den Tonen an Ort und Stelle zur Herstellung von Ziegeln usw. Verwendung finden könnte. Besonders günstig erscheint, daß die Staatsbahn in der Nähe der Grube vorbeiführt, wodurch die Versandmöglichkeit sich nicht ungünstig gestaltet.

Das Kohlenvorkommen zieht sich nunmehr, durch die aufragenden Gneiskuppen allerdings öfters unterbrochen und eingeschnürt, am Nordhang des Donaulaufes bis nach Passau hinunter. Gleich anschließend an das besprochene Schwanenkirchener Vorkommen finden sich ebenfalls Kohlenlager, die zurzeit noch der Untersuchung unterliegen. Hier besteht keine Verleihung, sondern eine erst vor kurzem erteilte Konzession zur Aufsuchung von Braunkohlen.

Der nächste Betrieb auf Braunkohle donauabwärts liegt bei Rathsmannsdorf, etwa 3 km nördlich der Stadt Vilshofen. Hier geht schon seit einigen Jahren ein kleiner Stollenbetrieb um. Der Betrieb liegt in dem Grubenfeld „Rathsmannsdorf I" der gleichnamigen Gewerkschaft. Das gebaute Flöz hat eine Mächtigkeit von 1,5—1,8 m. Bei der verhältnismäßig seichten Lage des Flözes zur Tagesoberfläche ist ein starker Grubenausbau erforderlich. Der Abbau erfolgt in dem schon mehrfach erwähnten Pfeilerbruchbau. Der Absatz der Kohle geht über Land, zum Teil mit Bahnfracht. Hierbei ist es mißlich, daß jede gute Verbindung zur nächsten Bahnstation fehlt. Die Kohle muß deshalb mit Lastautos abgefahren werden, was erheblich verteuernd wirkt.

Außer der Kohle finden sich noch Tone und Kaolin, die ebenfalls für die weitere Zukunft der Grube mit eine Rolle spielen können. Die Grube Rathsmannsdorf ist zusammen mit der noch zu beschreibenden Grube „Jägerreuth" bei Passau und den weiter vorhandenen, dazwischenliegenden Grubenfeldern „Rathsmannsdorf" und „Tiefenbach" der „Donau-Braunkohlen-Gesellschaft m. b. H." zum Betrieb übertragen. Es besteht daher zwischen der Grube Jägerreuth und der Grube Rathsmannsdorf eine enge betriebliche Verbindung, die es ermöglicht, je nach Bedarf die eine oder die andere der beiden Gruben stärker zur Produktion heranzuziehen. Naturgemäß wurde der Schwerpunkt der Produktion auf die Grube Jägerreuth bei Passau gelegt, da hier sowohl günstigere Abbauverhältnisse vorliegen als auch direkter Bahnanschluß für die Grube selbst vorhanden ist.

Auch die Grube „Jägerreuth" bei Passau ist schon seit einigen Jahren in Betrieb; doch hat dieser erst seit der Übernahme durch die Donau-Braunkohlen-Gesellschaft eine den modernen technischen Erfordernissen entsprechende Ausgestaltung erfahren. Die Grube baut auf einem 3 m mächtigen Flöz. Ein zweites, tieferes, soll noch vorhanden sein. Die Grube ist derzeit ebenfalls in Vorrichtung. Vorhanden ist ein Förderschacht mit maschineller Förderung, ein Wetterschacht ist im Abteufen. Die Grube wird ebenfalls ihren Abbau im Pfeilerrückbau führen, sobald die Grenzen angefahren sind. Nach den bisherigen Ergebnissen ist der Vorrat an Kohle erheblich. Die Qualität der Kohle, die aus einer lignitischen, sehr kompakten Masse besteht, ist vorzüglich zu nennen. In der Hauptsache wird die Grube nicht auf Absatz durch den Verkauf angewiesen sein, vielmehr wird sie ihr gesamtes Produkt dem aus dem ehemaligen Militärkraftwerk Hauzenberg im Bayerischen Wald entstandenen Großkraftwerk zuführen, was in Anbetracht der günstigen Bahnverbindung sich leicht bewerkstelligen läßt.

11. Gewerkschaft Gustav in Dettingen am Main: Braunkohlengrube und Überlandzentrale Gustav bei Dettingen am Main.
(Hiezu Bild Nr. 22 mit Nr. 27.)

Wo der Main nordwestlich von Aschaffenburg die Grenze zwischen Bayern und Hessen bildet, liegt die Grube Gustav der gleichnamigen Gewerkschaft. Das Werk hat sowohl auf bayerischer wie auch auf hessischer Seite einen Betrieb. Der bedeutendere Teil desselben liegt auf bayerischerSeite, während auf hessischer nur ein kleiner Tagebau in der Grube Amalia umgeht. Die Bergwerksgerechtsame der Grube Gustav umfaßt folgende 6 Felder: Gustav, Kahl I und II, Alzenau, Main I, Kleinostheim; dazu kommen außerhalb Bayerns noch das kleine Grubenfeld Amalia in Hessen und die Felder Apel Rudorff und Heim im angrenzenden preußischen Gebiet mit einem Gesamtflächeninhalt von 4861 ha, die in der Hauptsache westlich zum kleinen Teil östlich bei den Ortschaften Kahl und Großwelzheim liegen.

Die Grube ist seit dem Jahre 1902 in Betrieb. Damals begannen die Vorarbeiten für die im Jahre 1904 einsetzende Förderung, die sich im

Laufe der Zeit ständig erhöhte. Die Gesichtspunkte für die Ausgestaltung des Werksbetriebes haben auf der Grube seit ihrer Entstehung mehrfach gewechselt. Ursprünglich war der Betriebszweck hauptsächlich der Rohkohlenverkauf und vor allem die Briketterzeugung. Das Vorkommen der Braunkohle dicht an den Ufern eines schiffbaren Stromes schien die Aussicht auf billige Verfrachtungsmöglichkeiten auf dem Wasserwege und damit ein großes Absatzgebiet zu eröffnen. So wurde denn auch die Brikettfabrik möglichst nahe an den Fluß gebaut, um die unmittelbare Verladung in Schiffe auf der Brikettrinne durchführen zu können. Die ständigen Schwankungen der Braunkohlenkonjunktur erfüllten jedoch die gehegten Hoffnungen auf einen gesicherten weitausgedehnten Absatz nicht restlos. Im Laufe der Zeit gewann die unmittelbare Verwertung der Förderkohle neben jener der anfallenden nicht brikettierfähigen Kohle immer mehr Bedeutung. So entstand denn im Jahre 1908 neben der Brikettfabrik die elektrische Zentrale. Anfänglich wurde aus ihr, die zunächst nur mit einer kleineren Dampfantriebsmaschine von 600 PS ausgerüstet war, nur der Überschuß an nicht im eigenen Betrieb benötigtem Strom an die Ortschaften der nächsten Umgebung abgegeben. Aber schon im Jahre 1912 wurde die Zentrale durch Aufstellung von zwei 3000-KW-Dampfturbinen vergrößert und auch der Stromversorgungskreis erheblich erweitert. Von diesem Zeitpunkt an begann die Erzeugung elektrischer Energie die Brikettfabrikation hinsichtlich ihrer wirtschaftlichen Bedeutung mehr und mehr zu überragen. Die Kohlennot der Nachkriegszeit brachte dann außerdem einen früher nicht gekannten Umfang des Rohkohlenverkaufes, aber auch noch eine ganz erhebliche Erweiterung der Überlandzentrale.

Der Tagebaubetrieb der Grube, der sich früher entsprechend der unregelmäßigen Umgrenzung der Kohlenablagerung in mehrere Abteilungen zersplitterte, ist heute in eine große betrieblich einheitliche Anlage zusammengefaßt. Bis in die letzten Jahre herein erstreckten sich die Hauptbetriebsorte in bedeutender Ausdehnung unmittelbar am Ufer des Mains entlang. Sie waren gegen Wassereinbrüche nur durch einen starken Hochwasserdamm geschützt. Während die Krone dieses Hochwasserdammes, wie die Erfahrung lehrte, erst von den großen Hochwasserständen nahezu erreicht werden konnte, also eine Überflutung über sie hinweg nicht zu befürchten war, reichten die Tagebaue mit einer Fläche von mehreren Hektar bis zu 20 und 30 m unter dem Mainwasserspiegel in die Erde hinab. Die Standfestigkeit des Deckgebirges über der Kohle wurde auf der Mainseite infolge Eindringens von zusickernden Wassern weitgehend vermindert. Es entstanden mehrmals Undichtigkeiten und Brüche im Mainufer, die dreimal zum Ersaufen größerer Teile der Grube führten. Die seinerzeit stets gefährdeten Grubenteile sind heute abgebaut und mit Abraummassen zugeschüttet. So ist denn für die heutige Anlage der Grube jede Überflutung nach menschlicher Voraussicht ausgeschlossen.

Vom abbautechnischen Gesichtspunkte aus betrachtet, kann bei der Grube Gustav mit drei Flözen gerechnet werden. Das liegende

Hauptflöz ist bis zu 15 m mächtig und bildet in der Hauptsache den Gegenstand des Abbaues. Die Kohle ist im allgemeinen dicht, standfest und teilweise sogar zäh. An manchen Stellen treten mit Baumstämmen und Wurzelstöcken durchsetzte örtliche Nester eines weichen Kohlenmulms auf. Hohlraumbildungen, die etwa als Rinnsale alter Wasserläufe während der Bildung der Kohle anzusprechen wären, sind innerhalb des Flözes bisher nicht beobachtet worden. Außer dem Hauptflöz sind gewöhnlich noch zwei hangende Nebenflöze vorhanden, die durch eine sandige Tonschicht vom Hauptflöz und durch Sand unter sich selbst getrennt sind. Sie sind nur von geringerer Bedeutung. Die Kohlenoberfläche des Vorkommens ist nicht eben. Das Deckgebirge erlangt namentlich gegen Süden zu große Mächtigkeit. Dadurch wechselt das Verhältnis von Kohle zu Abraum, das für den Charakter der Grube als Tagebaubetrieb maßgebend ist, von sehr günstigen Verhältnissen bis zu solchen, die an Tiefbau denken lassen.

Der Abraum erfolgt zum größten Teil durch Eimerkettenbagger. Teilweise bewegt sich der gegenwärtige Abbau im östlichen Teil der heutigen Grube, während auf der westlichen Seite noch ein Kohlensockel zwischen dieser und den alten Tagebauen steht, über dem ebenfalls noch Abraum zu beseitigen ist. Zu diesen letzteren Arbeiten werden Löffelbagger verwendet. Die unebene Kohlenoberfläche, in die sich Sandschichten linsenartig mehr oder weniger tief hineinlegen, muß vielfach mittels Handarbeit nachgesäubert werden.

Die Kippe befindet sich in den älteren ausgekohlten Tagebauen. Es bestand bis in die letzten Jahre herein die schwierige Aufgabe, die während des sommerlichen niedrigen Mainwasserstandes bis hart an das Flußufer heran abgebauten Tagebauteile bis zum Eintritt der Hochwasserzeit wieder soweit anzuschütten, daß das Flußufer dem Wasserdruck standhalten konnte.

Der Verkehr der Abraummassen zwischen den Baggern und der Kippe wird durch Dampflokomotiven vermittelt. Zeitweise diente zum Abräumen und zugleich zum Verfüllen der ausgekohlten Räume das Spritzverfahren. Es wurde dabei die Masse eines zwischen zwei Tagebauen stehenden Dammes durch starke Wasserstrahlen losgerissen und über den freien Kohlenstoß hinab in den Hohlraum gespült.

Der Abbau auf Kohlen erfordert auf Grube Gustav eine sehr sorgfältige Organisation der Vorrichtung, weil die Nebenflöze teilweise ungeeignete Kohle enthalten und gesondert gewonnen werden müssen. Es spielen daher die Gewinnung der Kohle von Hand und die Säuberungsarbeiten auf der unebenen Kohlenoberfläche, welche der Eimerbagger nicht reinlich abräumen kann, eine erhebliche Rolle.

Das Hauptflöz selbst wird durch mehrere Löffelbagger bearbeitet; an einzelnen Stellen steht auch Schurrenarbeit in Anwendung. Besondere Aufmerksamkeit muß der Gewinnung der Kohle im Liegenden des Vorkommens geschenkt werden; nachdem nämlich rings im Gebirge das Grundwasser sehr hoch steht und mit den unter der Kohle vorhandenen Wassermassen Verbindung hat, erleidet die Kohle vom Liegenden her sehr starken Druck. Es besteht daher ständig die Gefahr, daß aus dem Liegenden Wasser- und Sandmassen plötzlich emporbrechen.

Die gewonnene Kohle wird mit Kettenbahnen, die sehr zweckmäßig und übersichtlich angelegt sind, nach dem Kesselhaus bzw. der Brikettfabrik verbracht, dort mechanisch sortiert, nach Bedarf gebrochen und nach drei verschiedenen Wegen ihrem Endzweck, entweder den Rosten des Kesselhauses zur Verfeuerung oder der Brikettfabrik oder endlich der Rohkohlenverladung zugeführt.

Das Kesselhaus hat heute in erster Linie für die Überlandzentrale und daneben noch für die Brikettfabrik Dampf zu liefern. Es ist mit einer Reihe von älteren Schrägröhrenkesseln und neueren Steilröhrenkesseln ausgerüstet. Die Verfeuerung der Kohle erfolgt ausschließlich auf Treppenrosten, die einerseits der Verbrennungsluft eine große Durchgangsöffnung gewähren, anderseits die auf ihnen liegenden Kohlenschichten langsam und ohne wesentliche Verluste in die Verbrennungszone niedergleiten lassen. Die Rauchgase werden zum Vorwärmen des Speisewassers ausgenutzt und endlich durch zwei über 90 m hohe Kamine abgeführt. Die Zuführung der Kesselkohle auf die Roste erfolgt von hochliegenden Bunkern aus. Die Kesselanlage befindet sich gegenwärtig noch immer im Zustande der Erweiterung, da der Dampfbedarf wegen des zunehmenden Umfanges der Stromerzeugung beständig wächst.

Die Brikettfabrik hat den Höhepunkt ihrer wirtschaftlichen Bedeutung für das Werk selbst, wie für dessen Absatzgebiete längst überschritten. Zur Zeit ihres Hochbetriebes und unmittelbar vor dem Kriege, teilweise noch während des Krieges standen fünf einfachwirkende Dampfpressen und eine elektrische Doppelpresse im Betrieb. Hiezu waren zwei große Telleröfen zur Vortrocknung der Rohkohle von durchschnittlich 60—63% Wassergehalt auf ungefähr 50% herab vorhanden. Hinter den Tellertrocknern wurde die Kohle abgesiebt, fein gewalzt und in Röhrentrocknern auf etwa 18% Wassergehalt gebracht. Nachdem die durch das viele Umschütten und Bewegen häufig entstandenen Kohlenknöllchen nochmals durch Walzwerke fein zerdrückt und die gesamte Betriebskohle in einem eigenen, wegen der Explosionsgefahr getrennt stehenden Kühlhaus gekühlt worden war, wurde sie den Pressen zugeführt. Für die Trocknungsvorgänge wurde der Abdampf der Pressen, sowie Abdampf der Turbinen, im Notfalle auch Frischdampf als Zusatz verwendet. Innerhalb 24 Stunden konnten mit dieser Einrichtung 30—35 Eisenbahnwaggons fertige Hausbrandbriketts hergestellt werden.

Die Gewerkschaft Gustav hat ihren eigenen Grubenbetrieb mit seinen Baggern und ausgedehnten Wasserhaltungsanlagen frühzeitig elektrisiert. Die heutige Überlandzentrale wuchs also aus einer früheren Werkszentrale ganz von selbst heraus. Dieser Entwicklung kam es besonders zustatten, daß sich teilweise in allernächster Nähe des Werkes Stromabnehmer für große Mengen mit gleichmäßigem Strombedarf fanden, die für die Zentrale eine sehr günstige Belastung während der Tag- und Nachtstunden und vielfach sogar während der Feiertage ermöglichten. Es mußte daher von selbst der Kampf der Meinungen entbrennen, ob nicht die Erzeugung von Briketts der Erzeugung von Kraft untergeordnet und die gesamte weitere Entwicklung der Werksanlage darauf eingerichtet werden sollte. In den letzten Jahren hat die Überlandzentrale restlos den Sieg davongetragen, in Zukunft wird die Gewerkschaft Gustav für die Stromversorgung von Unterfranken und für das Bayernwerk in hervorragender Weise mit tätig sein. Es ist infolgedessen die Brikettproduktion fast bis auf den eigenen Bedarf des Betriebes, der Beamten und Arbeiter eingeschränkt und ein Teil der Brikettfabrik abgebrochen worden; nur mehr drei Pressen blieben in Gang, während die Überlandzentrale stetig neue Erweiterungen erfährt. In der ersten Werkszentrale wurde der Strom ausschließlich mit Kolbenmaschinen erzeugt, welche aber bei großem Raumbedarf eine verhältnismäßig nur geringe Leistung aufzuweisen hatten. Sie sind nunmehr sämtlich durch Dampfturbinen ersetzt worden, die künftighin jährlich 40 bis 50 Mill. KWSt. erzeugen können. Es werden hiefür allein 18—19000 Waggons Kohle unter den Dettinger Kesseln verbrannt werden, welche der Ablagerung entnommen werden müssen. Das Bergwerk ist schon heute auf eine wesentlich größere Förderung eingerichtet und wird den Bedarf zunächst noch auf geraume Zeit aus seinem gegenwärtigen, nahe bei der Überlandzentrale gelegenen Tagebau decken können. Inzwischen aber wird schon jetzt die Anlage eines neuen Tagebaues auf einem etwas entfernteren Bergwerksfelde vorbereitet, so daß bei der allmählichen Erschöpfung der derzeitigen Gewinnungsstätten die Verminderung der Kohlenförderung an anderer Stelle ohne Schwierigkeit ausgeglichen werden kann. Die künftigen Abbaustellen werden sogar teilweise günstigere Gewinnungsbedingungen infolge geringerer Überdeckung mit Abraum aufweisen. Dadurch werden die wirtschaftlichen Nachteile, welche aus dem weiteren Transport der Kohle bis zur Überlandzentrale erwachsen, wiederum ausgeglichen werden können.

Die Entwicklung der Grube Gustav zeigt so recht das wechselvolle Bild, welches dem bayerischen Braunkohlenbergbau in seiner Gesamtheit ebenfalls eigen ist. Selbstredend darf nicht etwa die nachfolgende ziffernmäßige Darstellung mit ihren einzelnen Werten für eine Beurteilung des gesamten Bergbaues maßgebend sein, sondern sie soll an einem Beispiel eines sehr bedeutsamen Werkes zeigen, wie außerordentlich bewegt das wirtschaftliche Schicksal sich gestaltet und welche Vorsicht bei Urteilen und Vorhersagungen über die Zukunft des Braunkohlenbergbaues walten muß.

Nach den liebenswürdig zur Verfügung gestellten Angaben der Gewerkschaft Gustav hat sich die Belegschaft vom Beginn des Werksbetriebes bis heute im allgemeinen stets stark aufwärts entwickelt. Die nachfolgende Tabelle, welche jeweils den niedrigsten und höchsten Stand der Belegschaft der einzelnen Betriebsabteilungen während je eines Jahres zeigt, weist jedoch schon innerhalb der 12 Monate starke Schwankungen auf.

I. Entwicklung der Belegschaft während der Jahre 1905—1921.

Jahr	Grube Mann	Abraum Mann	Brikettfabrik Mann	Überland- zentrale Mann	Bemerkungen
1905	81—144		49— 79		Die Ziffern geben
1906	73— 90		70— 96	Erst 1909	die Schwankungen
1907	75—106		87—115	in Betrieb	der Belegschaft
1908	77—107	Abraum von fremden Unternehmern ausgeführt	107—131	gesetzt	während des
1909	97—127		108—131	12—17	Jahres an.
1910	87—132		94—115	11—13	
1911	78— 97		95—114	11—13	
1912	87—174		99—125	12—15	
1913	102—240	51— 80	108—140	15—20	
1914	96—140	81—197	106—190	14—19	
1915	120—157	129—205	114—255	14—20	
1916	134—179	150—296	213—233	13—21	
1917	118—179	115—174	209—266	12—15	
1918	108—283	162—245	178—270	13—26	
1919	242—312	275—314	235—279	29—35	
1920	323—352	334—422	281—361	13—39	
1921	354	412	363	31	

Ebenfalls in entschiedener Aufwärtsbewegung befand sich seit dem Jahre 1905 bis heute die Gesamtförderung, welche von ca. 79 000 t auf fast 400 000 t angewachsen ist, jedoch vereinzelt schwere Rückschläge erlitt, so in den Jahren 1914 und 1918. Viel unregelmäßiger dagegen entwickelte sich die Beseitigung des Abraumes, welche mit den wirtschaftlichen Schicksalen des Bergwerkes ebenfalls in engster Verbindung steht. Die Kesselheizfläche und mit ihr die Maschinenleistung der Überlandzentrale sind naturgemäß nur in wenigen großen Absätzen gestiegen und lange Jahre immer wieder auf der gleichen Stufe geblieben. Für sie maßgebend war die Ausdehnungsmöglichkeit des Stromabsatzes, also eines Wirtschaftsfaktors, dessen Gestaltung im wesentlichen von der weitesten werktätigen Öffentlichkeit und nur zum geringeren Teile vom Werke selbst abhängt. Die Stromerzeugung dagegen übersteigt den wirklichen Absatz wiederum in ganz unregelmäßiger Weise, weil der Kraftaufwand für den eigenen Betrieb mit der Änderung des technischen Zustandes des Werkes außerordentlich schwankte. Die entsprechenden Ziffern können aus der nachfolgenden Tabelle (s. S. 116) ersehen werden.

Wie stark der Anteil des einzelnen Arbeiters an den Förderleistungen des gesamten Werkes wechselt, ist aus der Tabelle III zu ersehen. Dabei ist natürlich aus diesen schwankenden Ziffern nicht ohne weiteres ein Rückschluß auf eine schwankende Arbeitswilligkeit oder Arbeitsfähigkeit zu ziehen. Diese von Jahr zu Jahr so sehr verschiedenen und wirtschaftlich so außerordentlich bedeutungsvollen Größen stellen vielmehr

II. Leistungen der Grube „Gustav" in den Jahren 1905—1921.

Jahr	Förderung	Abraum	Entwicklung der		Strom-erzeugung	Strom-absatz
			Kesselheiz-fläche	Maschinen-leistung		
	t	cbm	qm	KW	KWSt.	KWSt.
1905	78 830	298 900				
1906	136 917	232 000	Überlandzentrale erst seit 1909 in Betrieb			
1907	198 327	176 290				
1908	208 603	452 500				
1909	229 251	401 200	1 290	6 700	1 338 775	513 990
1910	241 282	593 300	1 290	6 700	3 912 704	1 927 491
1911	249 221	301 500	1 540	6 700	3 835 364	1 912 609
1912	281 322	504 900	2 250	6 700	7 379 622	4 878 657
1913	349 638	438 100	2 550	6 700	21 107 097	15 423 826
1914	267 114	500 900	2 550	6 700	18 620 335	750 371
1915	340 207	420 400	2 550	6 700	18 750 380	13 093 463
1916	344 137	489 600	2 550	6 700	19 220 060	12 981 687
1917	328 588	214 200	2 550	9 000	20 795 400	14 361 307
1918	273 575	313 200	2 550	9 000	28 821 000	22 512 290
1919	339 347	589 800	2 550	9 000	37 050 750	29 410 075
1920	397 523	886 700	3 725	9 000	41 515 440	34 470 950
1921	—	—	4 525	14 000	—	—

ein Endergebnis aller zusammenwirkenden Faktoren dar, welches die Mischung der menschlichen Arbeit mit der Maschinenarbeit unter den stets wechselnden Verhältnissen liefert.

III. Jahresleistung.

Jahr	1 Arbeiter im Grubenbetrieb	1 Arbeiter im Abraumbetrieb	Jahr	1 Arbeiter im Grubenbetrieb	1 Arbeiter im Abraumbetrieb
	t	cbm		t	cbm
1905	870		1913	2378	6845
1906	1373		1914	2323	3944
1907	2278	Abraum durch Unternehmer ausgeführt	1915	2577	2511
1908	2317		1916	2207	2298
1909	2162		1917	2282	1418
1910	2255		1918	1824	1750
1911	2832		1919	1280	2144
1912	2534		1920	1165	2321

Endlich sind noch die gesamten Lohnsummen aufgeführt, welche auf Grube Gustav seit dem Jahre 1905 verausgabt wurden. Sie sind von dem kleinen Betrag von M. 126000 zu Beginn des Bergwerksbetriebes auf fast M. 11 Mill. im Jahre 1920 gestiegen.

Im Zusammenhalt mit der starken Steigerung des Belegschaftsstandes ergibt sich daraus, welche weittragende Bedeutung ein solches Werk für den Wohnbereich seiner Arbeiterschaft sowie für den Lebens-

IV. Gesamtlohnsummen auf Grube »Gustav«.

Jahr	Mark	Jahr	Mark	Jahr	Mark
1905	126 000	1911	225 000	1917	631 000
1906	127 000	1912	242 000	1918	653 000
1907	163 000	1913	362 000	1919	2 880 000
1908	195 000	1914	407 000	1920	10 953 000
1909	226 000	1915	558 000		
1910	227 000	1916	645 000		

unterhalt weiter Bevölkerungskreise hat, und in welch einschneidender Weise die Privatwirtschaft ganzer Bezirke beim Niedergang des heute blühenden Braunkohlenbergbaues in Mitleidenschaft gezogen würde.

12. Der Braunkohlenbergbau in der Rhön.

An den wirtschaftlichen Maßstäben der Gegenwart gemessen, könnte der Braunkohlenbergbau der Rhön wegen seiner Geringfügigkeit zurzeit eine sonderliche Beachtung nicht beanspruchen. Jedoch die eigentümlichen lagerstättlichen Verhältnisse sowie seine besondere geographische Lage haben ihm zu allen Zeiten, in welchen Braunkohlenbergbau überhaupt betrieben wurde, ein Interesse gesichert.

Die geologischen Verhältnisse sind bereits im ersten Teil näher behandelt. Die Braunkohlenablagerungen sind aufgeschlossen am Rande eines Gebirges, das nach jeder Hinsicht hin arm ist und infolgedessen weder eine dichtere Besiedelung noch irgendeine nennenswerte Industrie aufweist. Der Brennstoffbedarf der engeren Umgebung ist also recht geringfügig und kann, soweit Hausbrand in Frage kommt, in weitem Maße durch die vorhandenen Waldbestände befriedigt werden. Alle Bergwerke, welche in der Rhön seit einer Reihe von Jahrzehnten mit größerer oder geringerer Zähigkeit eröffnet und in Betrieb gehalten wurden, sind hinsichtlich ihrer Ergebnisse unbedeutend geblieben und eigentlich über Aufschlußarbeiten nie hinausgekommen.

In der Rhön bestehen gegenwärtig noch die Braunkohlengrubenfelder Balkenstein, Balkenstein II, Eisgraben, Höhenwald, Schwarzes Moor, Hohe Rhön, Richard I, Glückauf, Bauersberg und Linazeche. Heute spielt eine Rolle nur mehr das Grubenfeld Schwarzes Moor und Hohe Rhön, welches an der Grenze gelegen ist und mit Bergwerksfeldern in Preußen eine Betriebseinheit bildet, während die entsprechenden Gewerkschaften ebenfalls geschäftlich sich vereinigt haben und einheitlich geleitet werden. Der Aufschluß der Kohlenablagerung erfolgte entsprechend der natürlichen Geländegestalt in einem Taleinschnitt des Lettengrabens von preußischem Gebiete her mittels mehrerer Stollen. Die Grubenbaue dehnen sich in beiden Ländern aus und sind vielfach über die Grenze miteinander durchschlägig. Besondere technische Einrichtungen sind noch nicht vorhanden, obwohl das Streckennetz bereits eine Länge von mehreren Kilometern erreicht hat. Als eine besondere Eigentümlichkeit dieses Bergwerkes ist die Überlagerung und teilweise Durchdringung des Kohlenflözes mit vulkanischen Massen zu nennen. Der Grubenbetrieb wird wegen der unregelmäßigen Umgrenzung dieser Eindringlinge sowohl hinsichtlich der Ausrichtung und Beurteilung der aufgeschlossenen Vorräte als auch hinsichtlich des Abbaues an manchen Stellen erschwert. Gleichwohl ist das teilweise recht mächtige Flöz mit großer Zähigkeit auf erhebliche Entfernungen hin verfolgt worden, und es ist nach einzelnen Richtungen hin das Ende der Kohlenablagerung noch nicht erreicht worden.

Ungünstig für das Bergwerk ist seine Höhenlage in einer Entfernung von 1600 m von dem Endpunkt der Eisenbahnlinie Hilders-Wüstensachsen. Jedoch gestattet ein gleichmäßiges Gefälle von 200 m bis zum Bahnhof die Anlage von mechanischen Transporteinrichtungen, welche ohne Kraftzuführung allein durch das Gewicht der niedergehenden Wagen betrieben werden können.

Immerhin wird die Grube, welche auch in ihrer heutigen Ausdehnung noch unter dem Begriff von Aufschlußarbeiten fällt, wohl nur dann zu dauerndem Abbau gelangen können, wenn eine ausgiebige Verwendung der Förderkohle in nächster Nähe gefunden werden kann. Nach Aufstellung einer Generatorenanlage der Firma Erhardt und Sehmer in Saarbrücken wurden im Jahre 1915 eingehende Vergasungsversuche ausgeführt, welche die Vergasungsmöglichkeit der etwas tonhaltigen Kohle nachwiesen. Infolge der Kriegsverhältnisse ist es aber zur Errichtung einer größeren Gaskraftanlage nicht gekommen. In neuester Zeit haben sich die Vorbedingungen für eine solche erneut verschoben, indem an die Erbauung einer kleinen Talsperre an der Ulster gedacht wird, welche auch für eine allerdings mäßige Erzeugung von elektrischer Energie nutzbar gemacht werden soll. Bei der geringen Wasserführung und Nachhaltigkeit der aus der Rhön kommenden Wasserläufe wird eine Verbindung eines kleineren Wärmekraftwerkes mit diesem Werke und sonstigen Erzeugern elektrischer Energie die Zukunft des Rhönbraunkohlenbergbaues günstiger gestalten können.

Eine Reihe von Grubenfeldern sind im Eigentum des bayerischen Staates, welcher sie teilweise zum Betrieb verpachtet hat. Die am Bauersberg bei Bischofsheim in den letzten Jahrzehnten teils im Tagebau, teils im Tiefbau betriebene Grube ist jedoch trotz der in Unterfranken zeitweise großen Nachfrage selbst nach Rohbraunkohle eingegangen. Die mit verhältnismäßig geringen Mitteln erreichbaren Teile der Kohlenablagerung, die dort in mehreren Flözen von verschiedenem Wert, stark wechselnder Mächtigkeit und mit häufiger Verschlechterung infolge der Nachbarschaft der vulkanischen Massen ansteht, scheinen ziemlich erschöpft zu sein, während die Aufschließung der Lagerstätten auf weitere Erstreckung hin unverhältnismäßigen Aufwand erfordern würde. Insbesondere die bisher geringe Aussicht einer Verwendung der Kohle in nächster Nähe des Werkes oder die Notwendigkeit teurer Transportanlagen bis zum Bischofsheimer Bahnhof, haben selbst opferfreudige Unternehmer immer wieder von durchgreifenden größeren Arbeiten Abstand nehmen lassen.

Wenn auch vereinzelt versucht worden ist, einen Zusammenhang der vorhandenen Kohlenaufschlüsse mehr oder minder glaublich zu machen, und eine Vorstellung sehr beträchtlicher Kohlenvorräte unter den ausgedehnten Basaltdecken des Tertiärs der Rhön zu erwecken, so halten doch die diesbezüglichen Schlußfolgerungen einer ernsthaften bergwirtschaftlichen Kritik leider nicht stand.

Nach unserer heutigen Kenntnis wird auch in Zukunft im bayerischen Bergbau auf jüngere Braunkohlen die Rhön niemals eine beachtenswerte Stellung einnehmen können.

13—15. Die Gruben auf jüngere Braunkohlen im Alpenvorlande.
(Hiezu Bild Nr. 28 mit Nr. 29.)

Gewerkschaft Friedrich-Wilhelmzeche I—VI in München: Braunkohlengrube Irsee bei Kaufbeuren.

Bayer. Braunkohlen-A-G. Großweil bei Kochel: Braunkohlengrube Irene bei Großweil.

Gesellschaft Braunkohlenbergwerk Imberg m. b. H. in München: Braunkohlengrube Josefzeche bei Imberg.

Wenn auch die Braunkohlenablagerungen im Alpenvorland ebenfalls sehr verbreitet sind, so stehen auf diese zurzeit doch nur die Gruben „Irsee" bei Kaufbeuren, „Irene" bei Großweil, „Josefzeche" bei Imberg in Betrieb. Die Grube bei „Irsee", die im Eigentum der Gewerkschaft Friedrich-Wilhelmzeche I—VII steht, der 6 Grubenfelder von insgesamt 4439 ha Flächeninhalt gehören, ist von diesen Gruben wohl die älteste. Sie stand schon während der Jahre 1858—1861 in Betrieb, wurde dann 1895 und 1896 wieder aufgenommen, um nach einer neuerlichen Pause im Jahre 1919 wieder in Betrieb genommen zu werden. Am umfangreichsten war der Betrieb im Jahre 1895—1896, als sich eine belgische Gesellschaft mit der Ausbeutung der vorhandenen Kohle befaßte. Die großen Hoffnungen, die man sich damals machte und die ihren sinnfälligen Ausdruck in der Erbauung einer eigenen Grubenanschlußbahn nach der Bahnstrecke Kaufbeuren—Buchloe fanden, haben sich nicht erfüllt. Die Förderung erbrachte im Jahre 1895 1547,6 t, 1896 5282 t. Es war dies erheblich mehr als in den Jahren 1858—1860 gefördert wurde, in denen rd. 19000 Ztr. = 950 t zutage gebracht wurden. Die heutigen Bergbauarbeiten beschränkten sich bisher auf die Aufschließung der Kohle. Da die Kohle fast horizontal liegt, sind die Grubenbaue ausschließlich durch Stollen erschlossen, die an den Hängen des vielfach von Wasserrissen durchschnittenen Geländes angelegt wurden. Eine wirtschaftliche Bedeutung könnte die Grube nur dann erreichen, wenn zusammen mit der Kohle der darüber liegende Ton gewonnen und die Kohle zur Verfeuerung zu Ziegeleizwecken verwendet würde.

Die Braunkohlengrube „Imberg" ist die höchstgelegene der bayerischen Braunkohlengruben. Sie ist im Eigentum der Gesellschaft Braunkohlenbergwerk Imberg m. b. H. Zu ihr gehören vier Grubenfelder: Franziskazeche, Josefzeche I, Josefzeche II und Karolinenzeche mit insgesamt 1593 ha. Die Grube liegt ungefähr 150 m über der Sohle des von Sonthofen nach Hindelang sich erstreckenden Tales, und zwar südlich oberhalb des Fleckens Imberg. Sie baut auf ein einziges Flöz, das nach Beschaffenheit und Ausbildungsverhältnissen im geologischen Teil eingehend beschrieben ist. Der Bergbau auf die Kohle am Imbergtobel geht sehr weit zurück. Es sollen schon im Jahre 1771 Versuche unternommen worden sein. Auch in späterer Zeit wurden Versuchsarbeiten auf die Kohle gemacht, die aber nie zu einem ersprießlichen Ergebnis gelangten, so daß Gümbel noch im Jahre 1861 die Ansicht vertreten konnte, daß eine nutzbringende Gewinnung hier wohl nicht stattfinden könne. Inzwischen haben sich ja die Grundlagen für die Bewertung von Braunkohlenvorkommen ganz wesentlich verschoben. Der Betrieb wurde wieder aufgenommen als die allgemeine Kohlennot nach Kriegsende am allerdrückendsten war. Es zeigte sich aber im Laufe der Betriebszeit, daß beim Einsetzen ungünstiger Konjunktur für die jüngere Braunkohle sich die Grube, für deren Aufschließung erhebliche Mittel aufgewendet worden waren, kaum halten konnte, wenn sie lediglich auf Kohlenförderung allein eingestellt blieb. Die Betriebsleitung sah sich daher vor die Frage gestellt, ob nicht irgendein wirtschaftlich wertvoller Nebenbetrieb mit dem Grubenbetrieb verbunden werden konnte. Nun zeigte sich, daß das Vorkommen der vielen Toneinlagerungen im Kohlenflöz, das, solange die Grube nur auf Kohlenerzeugung eingestellt war, als eine sehr unerwünschte Beigabe empfunden werden mußte, sich jetzt als ein besonderer Vorzug zum Zweck der Aufrechterhaltung der Lebensfähigkeit der Grube erwies. Angestellte Versuche, das ohne weitere Vorbereitung gewonnene Gemenge von Ton und Kohle nach dem Kernschen Patentverfahren auf Leichtziegel zu verarbeiten, zeigten einen vollen Erfolg, so daß das Werk gegenwärtig an der Umstellung seines Betriebes arbeitet. Die Gewinnung erfolgt durch Stollenbetrieb im Pfeilerrückbau. Die Stollen sind zu beiden Seiten des Löwenbacheinschnittes angesetzt. Das gewonnene Material wird auf die von der Sohle des Löwenbaches nach Altstädten führende Drahtseilbahn gebracht. Die Fabrikanlagen werden voraussichtlich im Tale an einem geeigneten Punkt in der Nähe der Bahn errichtet werden.

Ebenfalls zwischen Moränen eingelagert ist das Vorkommen am Pfefferbichl bei Buching nordöstlich von Füssen, wo die Stadt Füssen seit Ende des vergangenen Jahres Untersuchungsarbeiten auf Braunkohle vornehmen läßt. Die Arbeiten sind noch nicht abgeschlossen. Soweit sich ein Überblick gewinnen läßt, handelt es sich um ein wagrecht abgelagertes Flöz von durchschnittlich 2 m Mächtigkeit. Die Kohle ist eine lignitische Braunkohle, die sich zur Verfeuerung in der nächsten Umgebung immerhin gut eignen dürfte und in Anbetracht der hohen Frachtkosten eines Kohlentransportes von auswärts immer mit einem bestimmten, wenn auch begrenzten Absatzgebiet wird rechnen können.

Die bedeutendste Grube auf jüngere Braunkohlen im Voralpen-
gebiet ist das Bergwerk „Irene" bei Großweil, zu dem drei Grubenfelder mit insgesamt 1236 ha Feldesfläche gehören. Der Betrieb der
Grube reicht bis in die 1880er Jahre zurück. Die Grube war lange Zeit
im Eigentum der Firma Bullinger und Ries, ging später auf die Maschinenfabrik Augsburg-Nürnberg über und wurde in allerneuester Zeit an die
Bayer. Braunkohlen-A.-G. Großweil verkauft.

Die Grube baut auf ein starkes lignitisches Flöz von einer Mächtigkeit von 2—3 m, das sogar stellenweise bis gegen 4 m anwächst. Die Ablagerung des Flözes ist im größten Teil der Grube fast horizontal. Dem-
zufolge ist die Mächtigkeit der Überdeckung je nach dem Ansteigen
oder Absinken des Geländes verschieden stark. Die ganze Art der Ablagerung weist, soweit die Kohle im Grubenbau gewonnen wird, auf
Pfeilerrückbau als die zweckmäßigste Abbauart hin. In früherer Zeit
allerdings hat man einen anderen Bau getrieben, der nach unseren
heutigen bergtechnischen und bergwirtschaftlichen Begriffen nicht
als kunstgerecht anerkannt werden kann, um so weniger als eine besondere Notlage, ihn in dieser Form zu führen, nicht gegeben war.
Man betrieb den sog. Kästelbau, eine Gewinnungsart, die das Baufeld
schachbrettartig einteilte und immer nur einzelne Quadrate heraus-
nahm, während die anderen als Sicherheitspfeiler gegen das Nieder-
brechen des Hangenden stehen blieben, wobei überdies auch noch in
den abgebauten Teilen Kohle zwischen 30 cm und 1½ m Mächtigkeit
angebaut wurde. Der heutige Betrieb hat nun sowohl im unverritzten
Feld einen regelrechten Abbau zu führen, wie die zahlreichen noch stehen-
gelassenen Pfeiler herauszugewinnen. Angebaut wird selbstverständlich
keine Kohle mehr. Das Hangende kommt nach erfolgter Auskohlung
sehr schnell herein, so daß größere Hohlräume überhaupt nie stehen
bleiben können. Naturgemäß wird dadurch die Tagesoberfläche zu
Bruch gebaut, was aber, da auf derselben keine wertvollen Objekte
liegen, im Vergleich zu der Wirtschaftlichkeit des Grubenbetriebes das
geringere Übel ist.

Es wurde schon oben erwähnt, daß die Mächtigkeit der Überlagerung
je nach dem Aufsteigen oder Niedersinken der Tagesoberfläche zu- oder
abnimmt. Am Ausgehenden des Flözes, bei Großweil, beträgt sie etwa
8 m. Um nun die unter geringer Überlagerung liegende Kohle schneller
und auch reiner gewinnen zu können, hat man sich entschlossen, neben
dem eigentlichen Grubenbau einen Tagebau anzulegen, der für weit über die
Hälfte des heute aufgeschlossenen Baufeldes projektiert ist. Der Tagebau wurde in der Weise vorgerichtet, daß mit einem Löffelbagger die
Überlagerung weggebaggert wird. Infolge der günstigen Höhenlage
über der Loisach ergibt sich für die Unterbringung der abgeräumten
Massen eine große Sturztiefe, wodurch die benötigte Grundfläche
gering wird. Die freigelegte Kohle wird in Grubenwagen verladen,
durch eine vom Tagebau nach der Hauptförderstrecke des Tiefbaues
führende Tagstrecke abgefahren und zur Brecheranlage und über die
Drahtseilbahn zur Verfrachtung gebracht. Der Bagger hat elektrischen

Antrieb; der Strom wird von einer kleinen auf der Grube stehenden Zentrale abgegeben. Diese speist außerdem die Leitung für die elektrische Grubenförderung und die Lichtleitungen. Bereits oben wurde die Brecheranlage erwähnt; durch diese läuft die gesamte geförderte Kohle und wird in einer daran angeschlossenen Separation nach verschiedenen Korngrößen klassiert, sodann geht sie zur Verfrachtung auf die Drahtseilbahn. Da das Werk von der nächsten Bahnstation Kochel etwas über 7 km entfernt ist, würde der Absatz der Kohle wegen der hohen Kosten für die Abfuhr sehr erschwert sein. Es wurde daher eine Drahtseilbahn nach der Station Kochel gebaut, über welche der ganze Absatz zur Eisenbahn geht. Damit ist die Grube Großweil in außerordentlich günstiger Weise an die Hauptverkehrsstraße angeschlossen. Sie hat direkte Verbindung mit München und von dort aus die besten Verfrachtungsmöglichkeiten, sowohl nach dem übrigen Bayern wie auch nach Tirol, woselbst sich für die Kohle ein günstiges Absatzgebiet eröffnen dürfte. Ein kleiner Teil der Produktion geht mit Achsfracht für die nächste Umgebung über Land.

Die Maschinenfabrik Augsburg-Nürnberg, der das Werk einige Jahre gehörte, hat es sich auch angelegen sein lassen, für Arbeitersiedelungen zu sorgen. So waren bis Ende des vergangenen Jahres 16 Wohnungen fertiggestellt, die wenigstens den dringendsten Bedarf deckten.

Die Ausdehnung des Vorkommens ist noch nicht festgestellt. Es besteht die Möglichkeit, daß unter dem südlich des Werkes liegenden, sich bis Großweil vorerstreckenden Hügel das Flöz ebenfalls wieder vorhanden ist; Untersuchungsarbeiten sind hier noch nicht vorgenommen worden. Die Grube ist zweifellos noch sehr erweiterungsfähig und steht erst im Anfang ihrer Entwicklung. Es würde daher ein unrichtiges Bild geben, wollte jetzt schon die Förderung und Bewegung der Belegschaftsziffer hier angegeben werden.

Kohlenuntersuchungen und Verdampfungsversuche.

Bemerkung. Die Heizwertbeispiele wurden mit möglichst vollständigen Angaben über die Zusammensetzung aus den Veröffentlichungen des bayer. Revisionsvereins entnommen. Soweit sie mit (A) bezeichnet sind, stammen sie aus: Dr. Ludwig v. Amon, Bayerische Braunkohle und ihre Verwertung. München 1911. Unter „B. Bayerische jüngere Braunkohle" bedeuten a—e Untersuchungen von Wackersdorfer Rohkohle, für welche Proben im August 1921 unter amtlicher Aufsicht aus der Förderung entnommen und 5 verschiedenen bedeutenden Laboratorien zugeführt wurden. f—h sind Untersuchungen von Dettinger Kohle, ausgeführt im chemisch-technischen Laboratorium Dr. L. Gebeck, Kottbus. Unter „C. Briketts" sind die Untersuchungen i—l ebenfalls vom letztgenannten Laboratorium ausgeführt.

A. Steinkohlen, ältere und außerbayerische jüngere Braunkohlen.

I. Steinkohlen.

Herkunft bzw. Bezeichnung des Brennstoffes	Heizwert WE	Asche %	Wasser %	Brennbare Subst. oder Reinkohle %	Kohlenstoff %	Wasserstoff %	Stickstoff %	Schwefel %	Flüchtige Bestandteile %	Heizwert v. 100 Teil. d. wasser- u. aschefreien Subst. WE
Ruhrkohle. Harpener Nußkohle	7425	7,35	2,96	89,69	78,85	4,60	4,35	—	—	8299
Schlesische Kohle. Maxgrube Nuß I	6085	8,54	10,21	81,25	65,77	3,93	—	—	28,26	7564
Saarkohle. Mittelbexbacher Nußkohle	7074	6,94	3,72	89,34	73,19	4,46	—	—	35,23	7942
Sächsische Kohle. Vereinsglück, Klarkohle I	5538	13,51	13,95	72,54	—	—	—	—	—	7751

A. Steinkohlen, ältere und außerbayerische jüngere Braunkohlen (Fortsetzung).

II. Ältere Braunkohlen (Pechkohlen).

Herkunft bzw. Bezeichnung des Brennstoffes	Heizwert WE	Asche %	Wasser %	Brennb. Substanz od. Reinkohle %	Kohlenstoff %	Wasserstoff %	Stickstoff %	Schwefel %	Flüchtige Bestandteile %	Heizwert v. 100 Teil. d. wasser- u. asche-freien Substanz WE	Bemerkungen
Oberbayerische Nußkohle	5542	13,01	9,64	77,35	58,22	4,20	—	—	—	7239	
Haushamer Waschgrieß	4744	15,34	14,78	69,88	48,57	4,09	—	—	—	6917	
Peißenberger Waschgrieß II	4682	14,21	17,13	68,66	—	—	—	—	36,10	6969	
» » I	4721	13,64	18,49	67,87	48,74	3,55	—	—	—	7121	
Marienstein Nuß I	4730	21,21	9,58	69,21	—	—	—	—	—	6917	
» Waschgrieß I	3128	46,82	5,20	47,98	—	—	—	—	—	6584	
Zieditzer Antonikohle	3760	7,70	36,85	55,45	40,76	3,51	11,18	—	32,79	7179	
Franziskusgrube	5418	5,52	23,96	70,52	—	—	—	—	—	7887	
Josephschacht Mittel I	5703	4,93	16,16	78,91	—	—	—	—	46,38	7350	

III. Außerbayerische jüngere Braunkohlen.

Deutsche Braunkohle

Herkunft bzw. Bezeichnung des Brennstoffes	Heizwert WE	Asche %	Wasser %	Brennb. Substanz od. Reinkohle %	Kohlenstoff %	Wasserstoff %	Stickstoff %	Schwefel %	Flüchtige Bestandteile %	Heizwert v. 100 Teil. d. wasser- u. asche-freien Substanz WE	Bemerkungen
Meuselwitzer Nußkohle	2407	4,04	54,52	41,44	29,04	2,30	—	—	—	6598	
Mitteldeutsche Braunkohle	2325	8,59	48,70	42,71	—	—	—	—	—	6127	
Westerwälder Haldenkohle	1409	27,83	40,90	31,27	—	—	—	—	17,98	5290	
» Lignit	1433	21,36	46,16	32,48	—	—	—	—	18,58	5264	
» Braunkohle	869	35,35	41,10	23,55	—	—	—	—	—	4737	
» Lignit	1229	28,45	42,01	29,54	—	—	—	—	—	5013	
Rheinische Rohbraunkohle	1660	3,22	62,90	33,88	—	—	—	—	17,68	6011	
Traunthaler Lignit	3316	4,93	34,71	60,36	39,92	3,20	0,36	0,32	35,79	5839	
Rumänischer Lignit	2908	12,98	33,68	50,43	—	—	—	—	—	5821	

B. Bayerische jüngere Braunkohlen.

Herkunft bzw. Bezeichnung des Brennstoffes	Heizwert WE	Asche %	Wasser %	Brennb. Substanz od. Reinkohle %	Kohlenstoff %	Wasserstoff %	Stickstoff %	Schwefel %	Flüchtige Bestandteile %	Heizwert v. 100 Teil d. wasser- u. aschefreien Substanz WE	Bemerkungen
Wackersdorfer Förderkohle . .	2092	9,06	48,81	42,13	—	—	—	—	26,50	5560	
» »	2063	8,23	51,67	40,10	27,13	2,08	0,40	1,57	22,68	5917	
» » unsortiert	1728	9,11	55,25	35,64	—	—	—	—	—	5780	
» » gesiebt	1930	12,17	52,23	35,60	—	—	—	—	—	6055	
» » Brocken	1890	9,51	53,58	36,91	—	—	—	—	—	6100	
» »	1821	13,24	50,38	36,98	—	—	—	—	—	6026	
» »		6,28	58,61	35,11	—	—	—	—	—	6189	
» » a	2070	5,40	55,25	39,35	26,50	2,00	O+N 9,39	1,46	17,50	6278	
» » b	2039	5,29	56,80	37,91	25,49	1,98	9,96	0,48	23,99	5849	
» » c	2368	4,45	49,94	45,61	28,81	2,37	12,96	1,47	21,83	6618	
» » d	2055	7,17	55,16	37,57	24,93	1,98	9,45	1,31	—	—	
» » e	2056	5,65	53,80	—	25,20	1,97	11,88	1,50	—	—	
Gustav Dettingen (A)	1675	3,68	63,13	—	—	—	—	—	—	—	Kolorimetrisch ermittelter Heizwert im ursprünglichen Zustand
» »	1804	3,02	62,19	—	—	—	—	—	—	—	
» » f	1841	3,14	63,42	34,37	23,03	2,12	O+N 8,02	0,27	Angabe fehlt	—	
» » g	1811	3,80	61,83	34,37	22,89	2,23	9,02	0,23	—	—	
» » h	1794	3,62	62,01	33,34	—	—	—	0,26	—	—	
» »	1753	4,16	62,50	—	—	—	—	0,22	—	—	
Schmiedgaden Schwarzenfeld	1909	9,01	53,32	37,67	22,94	1,72	8,35	1,56	18,19	5918	
Schacht I Buchtal	1739	8,98	56,45	34,57	25,71	1,91	10,23	2,47	22,02	6012	
Schwarzenfeld	2017	15,88	43,80	40,32	25,85	1,85	0,36	0,82	24,04	5654	
» »	1902	7,35	53,11	39,54	26,38	2,04	0,29	1,33	21,67	5616	
» »	2015	7,51	53,72	38,77						6028	

B. Bayerische jüngere Braunkohlen. (Forts.)

Herkunft bzw. Bezeichnung des Brennstoffes	Heizwert WE	Asche %	Wasser %	Brennb. Substanz od. Reinkohle %	Kohlenstoff %	Wasserstoff %	Stickstoff %	Schwefel %	Flüchtige Bestandteile %	Heizwert v. 100 Teil. d. wasser- u. aschefreien Substanz WE	Bemerkungen
Großweil Förderkohle	1710	12,37	48,87	38,40	—	—	—	—	26,95	2515	
»	1853	7,10	51,90	41,00	24,60	2,18	14,04 (O+N)	0,18	—	5280	
»	2270	11,30	39,69	48,38	29,43	2,70	15,91 (O)	nicht bestimmt	nicht bestimmt	nicht bestimmt	
Großweil, Förderkohle . . .	2204	10,20	43,41	46,39	27,43	2,41	16,25	nicht bestimmt	nicht bestimmt	nicht bestimmt	
» Lignit	1689	10,00	50,80	39,20	—	—	0,68	—	—	5088	
» »	1886	9,28	49,79	40,93	—	—	0,79	—	—	5339	
» nach versch. Lagerzeit	2693	9,10	35,11	55,79	—	—	0,88	—	—	5206	
» » »	3382	11,77	20,76	67,47	—	—	1,11	—	—	5197	
Haidhof (A)	Mittel 2000	6,89	47,05	Angabe fehlt	29,14	2,40	13,63	0,89	Angabe fehlt	Angabe fehlt	
» »		8,89	49,85	»	27,35	2,42	11,49	0,71	»	»	
» »		3,44	51,61	»	27,05	3,51	13,68	—	»	»	
» »	Mittel 2000	10,45	47,65	»	28,00	1,76	12,05	0,70	»	»	
» »		9,00	52,00	»	25,40	2,20	10,70	—	»	»	
» »		2,00	60,00	»	26,40	2,20	9,40	—	»	»	
Braunkohlengrube	*2874	13,18	34,66	—	33,00	—	—	2,49	22,02	5654	* etwas getrocknet
Ludwigzeche b. Alling (A) .	1997	10,99	52,00	37,01	24,57	1,91	10,23	2,47	—	6117	
Kohle v. Jägerreuth . . .	2355	5,30	51,19	43,51	—	—	—	—	—	5584	
Schirndinger Braunkohle .	1797	12,14	50,26	37,60	—	—	—	—	—	—	
Imberg b. Sonthofen	1300	33,69	36,25	30,06	18,13	1,91	9,65	0,37	20,10	5051	
Hengersberg Josephschacht (A)	*2360	14,58	45,00	Angabe fehlt	27,49	2,42	9,11	1,40	Angabe fehlt	Angabe fehlt	* etwas getrocknet
» » »	**1860	9,64	41,77	»	29,87	2,35	15,37	1,00	»	»	** grubenfeucht
Karolinenzeche Eichhofen (A) .	*2059	10,80	46,76	»	26,26	2,03	13,65	1,22	»	»	
» »	**1800			»						»	
Schwanenkirchen	1709	22,71	44,31	32,98	21,59	1,92	8,96	0,51	18,44	5988	Probe von einem chem. Laborat.

B. Bayerische jüngere Braunkohlen. (Forts.)

Herkunft bzw. Bezeichnung des Brennstoffes	Heizwert WE	Asche %	Wasser %	Brennb. Substanz od. Reinkohle %	Kohlenstoff %	Wasserstoff %	Stickstoff %	Schwefel %	Flüchtige Bestandteile %	Heizwert v. 100 Teil. d. wasser- u. asche-freien Substanz WE	Bemerkungen
Rhönbraunkohlen (A):											
Bauersberg	1700 2000	28,50	17,00	Angabe fehlt	24,60	2,59	23,00	4,33	10,40	A. fehlt	Heizwert theoret., Braunkohle m. Lignit durchsetzt.
»	1789	30,81	23,93	»	23,17	2,17	O+N 17,35	2,57	Ang. fehlt	»	
Schwarzes Moor	Ang. f.	3,96	2,0	»	65,10	3,90	O 22,77	1,67	»	»	Holzartige jüngere Pechkohle
Balkenstein	»	1,10	2,70	»	75,10	Angabe fehlt			»	»	ebenso
»	»	2,20	3,31	»	56,68	4,20	O+N 32,91	0,70	»	»	Reiner Lignit.
Roth	»	11,10	14,70	»	52,20	4,20	O+N 13,50	4,30	»	»	Holzförmige Pechkohle.
»	»	19,00	23,50	»	39,10	2,75	O+N 9,15	6,50	»	»	Gewöhnl. Braunk.
Hausen	»	7,38	26,50	»	45,31	3,92	O+N 5214,	2,65	»	»	Gute, ausgetrocknete Braunkohle.

C. Briketts.

Herkunft bzw. Bezeichnung des Brennstoffes	Heizwert WE	Asche %	Wasser %	Brennbare Substanz oder Reinkohle %	Kohlenstoff %	Wasserstoff %	Stickstoff %	Schwefel %	Flüchtige Bestandteile %	Heizwert von 100 Teilen der wasser- u. asche-freien Substanz WE	Bemerkungen
Sächsische Briketts	4831	9,16	16,68	74,16	52,17	4,28	—	—	45,79	6649	
Schwandorfer Briketts	4391	11,97	14,18	73,85	49,08	3,78	0,72	2,76	41,44	6061	
» »	4365	11,95	14,39	73,66	—	—	—	—	—	6043	
» »	4337	12,69	14,42	72,89	—	—	—	—	—	6069	
Dettinger Briketts i	5110	8,62	13,94	—	54,46	4,68	O+N 17,57	0,73	—	—	Kalorimetrisch ermittelter Heizwert
» » k	5207	7,21	11,80	—	55,31	5,05	20,09	0,54	—	—	
» » l	5093	8,01	14,70	—	53,72	4,85	18,17	0,55	—	—	
Ruhr-Steinkohlenbriketts	7628	7,66	1,19	—	Angaben fehlen					—	

D. Verdampfungsversuche.

	Schwandorfer Rohkohle	Buchtaler Rohkohle	Harpener Ruhr-Gasflammkohle	Ruhr-Briketts	Schwandorfer Briketts
Brennstoff	Schwandorfer Rohkohle	Buchtaler Rohkohle	Harpener Ruhr-Gasflammkohle	Ruhr-Briketts	Schwandorfer Briketts
Ort des Versuches . . .	Revisionsbezirk München	Revisionsbezirk München	Revisionsbezirk Augsburg	Revisionsbezirk Augsburg	Revisionsbezirk Nürnberg
Kesselbauart	Evaporator-Feuerung	Evaporator-Feuerung	Planrost, Innenfeuerung, Handbeschickung	Planrost, Innenfeuerung, Handbeschickung	Planrost
Dampfdruck (Überdruck)	6,30 kg	6,90 kg	12,20 kg	7,60 kg	6,60 kg
Verdampfungsziffer: a) 1 kg Brennstoff verdampfte...kg Wasser b) desgleichen; bezogen auf Normaldampf von 640 WE Erzeug.-Wärme	2,58 kg 2,45 »	1,95 kg 1,86 »	7,76 kg 7,29 »	8,00 kg 7,80 »	4,25 kg 4,20 »
Brennstoffpreis 100 kg im Kesselhaus. . . .	2,69 M.	—	3,60 M.	4,80 M.	1,35 M.
Wärmepreis f. 100000 WE des Brennstoffes . . .	1,06 M.	—	0,52 M.	0,63 M.	0,31 M.
Dampfpreis für 1000 kg Dampf nach a) für 1000 kg Dampf nach b)	10,42 M. 10,98 »	— —	4,64 M. 4,94 »	6,00 M. 6,16 »	3,18 M. 3,22 »
Nutzb. gemachte Wärme	—	61,60 %	67,20 %	65,70 %	61,20 %
Heizwert des Brennstoffes	1925 WE	2540 WE	6930 WE	7600 WE	4365 WE

Bild 1. Bayerische Braunkohlen-Industrie-A.-G. in Schwandorf. Unaufgeschlossenes Braunkohlengelände.

z. Verf. gest. vom Werksbesitzer.

Bild 2. Bayer. Braunkohlen-Industrie-A.-G. in Schwandorf.

Werk Wackersdorf.   Untersuchungsbohrung.

Bild 3.   Bayerische Braunkohlen-Industrie-A.-G. in Schwandorf.

Werk Wackersdorf.

Abraumbetrieb.

z. Verf. gest. vom Werksbesitzer.

Bild 4. Bayerische Braunkohlen-Industrie-A.-G. in Schwandorf. Werk Wackersdorf. Abraumgewinnung mit Eimerkettenbagger.

z. Verf. gest. vom Werksbesitzer.

Werk Wackersdorf.

Bild 5. Bayerische Braunkohlen-Industrie-A.-G. in Schwandorf.

Kohlengewinnung mit Paralellschnittbagger.

z. Verf. gest. vom Werksbesitzer.

Bild 6. Bayerische Braunkohlen-Industrie-A.-G. in Schwandorf.
Kohlengewinnung mit Schurrenarbeit.

z. Verf. gest. vom Werksbesitzer.

Werk Wackersdorf.

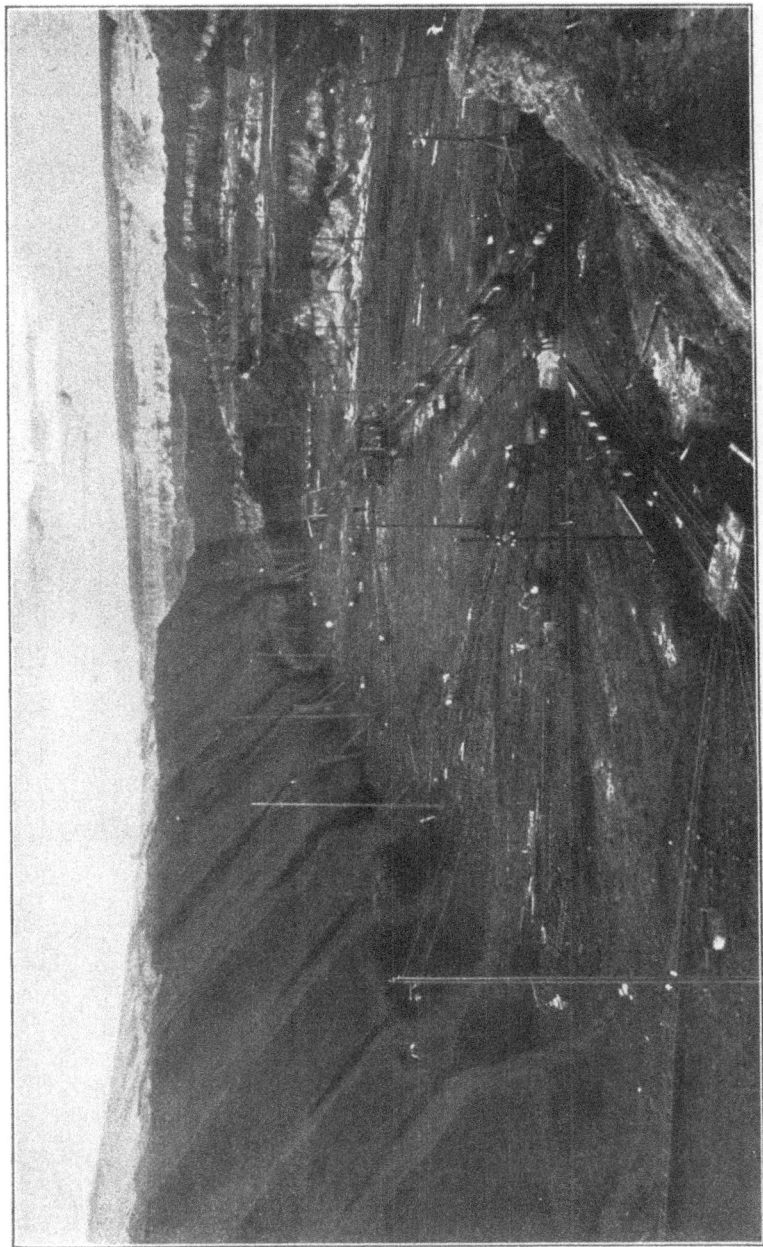

Werk Wackersdorf.

Bild. 7. Bayerische Braunkohlen-Industrie-A.-G. in Schwandorf.

Tagebau.

z. Verf. gest. vom Werksbesitzer.

Werk Wackersdorf.

Bild 8. Bayerische Braunkohlen-Industrie-A.-G. in Schwandorf.

z. Verf. gest. vom Werksbesitzer.

Kesselanlage.

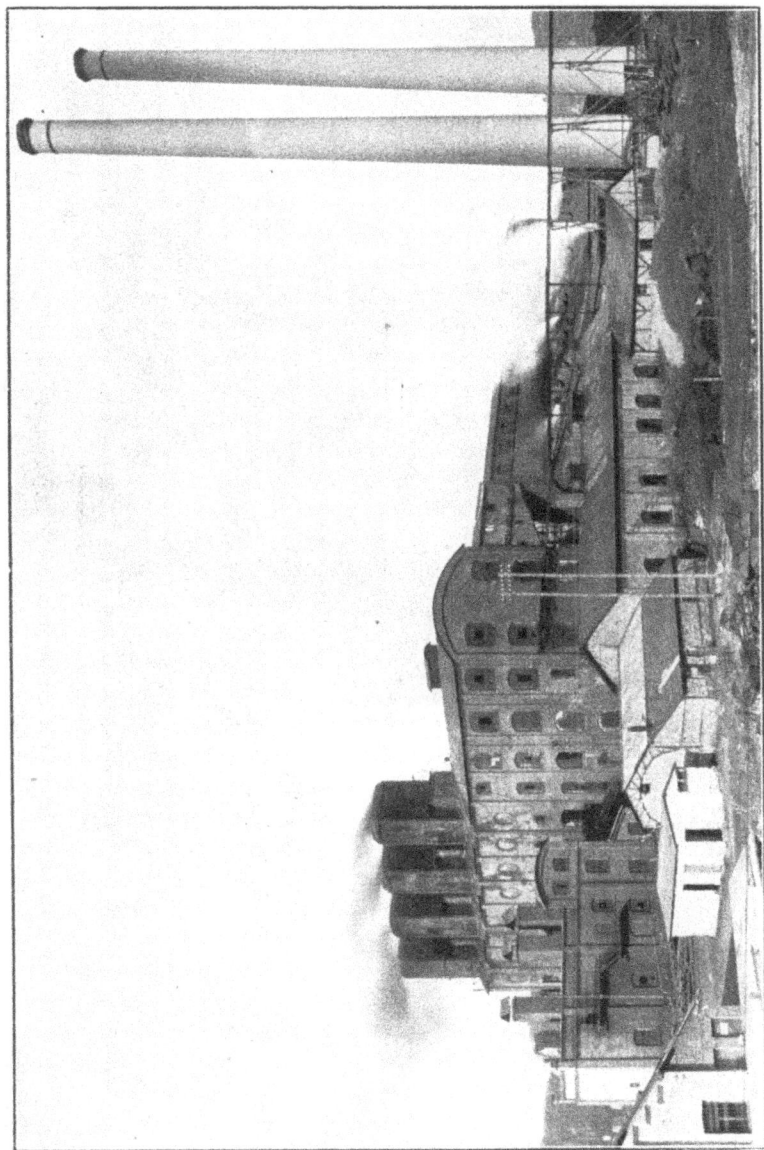

Werk Wackersdorf.

Bild 9. Bayerische Braunkohlen-Industrie-A.-G. in Schwandorf.

Brikettfabrik.

z. Verf. gest. vom Werksbesitzer.

Werk Wackersdorf.

z. Verf. gest. vom Werksbesitzer.

Bild 10. Bayerische Braunkohlen-Industrie-A.-G. in Schwandorf.

Trockensortierung und *Verladebunker.*

Werk Wackersdorf.

Bild 11. Bayerische Braunkohlen-Industrie-A.-G. in Schwandorf.

Ältere Beamten- und Arbeitersiedlung.

z. Verf. gest. vom Werksbesitzer.

Werk Wackersdorf.

Bild 12. Bayerische Braunkohlen-Industrie-A.-G. in Schwandorf.

z. Verf. gest. vom Werksbesitzer.

Neue Arbeitersiedlung.

z. Verf. gest. vom Werksbesitzer.

Bild 13. Vereinigte Gewerkschaft Schmidgaden-Schwarzenfeld.

Brikettfabrik in Schwarzenfeld.

z. Verf. gest. vom Werksbesitzer.

Bild 14. Vereinigte Gewerkschaft Schmidgaden-Schwarzenfeld.

Tagebau bei Schmidgaden.

Bild 15. Vereinigte Gewerkschaft Schmidgaden-Schwarzenfeld.

Einleitung des Tagebaues im Buchtal.

Phot. Ing. H. Schirmer, Regensburg. z. Verf. gest. vom Werksbesitzer.

Bild 16. Bayerische Überlandzentrale A.-G. in Ibenthann bei Haidhof.

Braunkohlengrube Haidhof. Tagebau.

Phot. Ing. H. Schirmer, Regensburg

z. Verf. gest. vom Werksbesitzer.

Bild 17. Bayerische Überlandzentrale A.-G. in Ibenthann b. Haidhof.

Braunkohlengrube Haidhof. Tagebau, Separation und Kraftwerk.

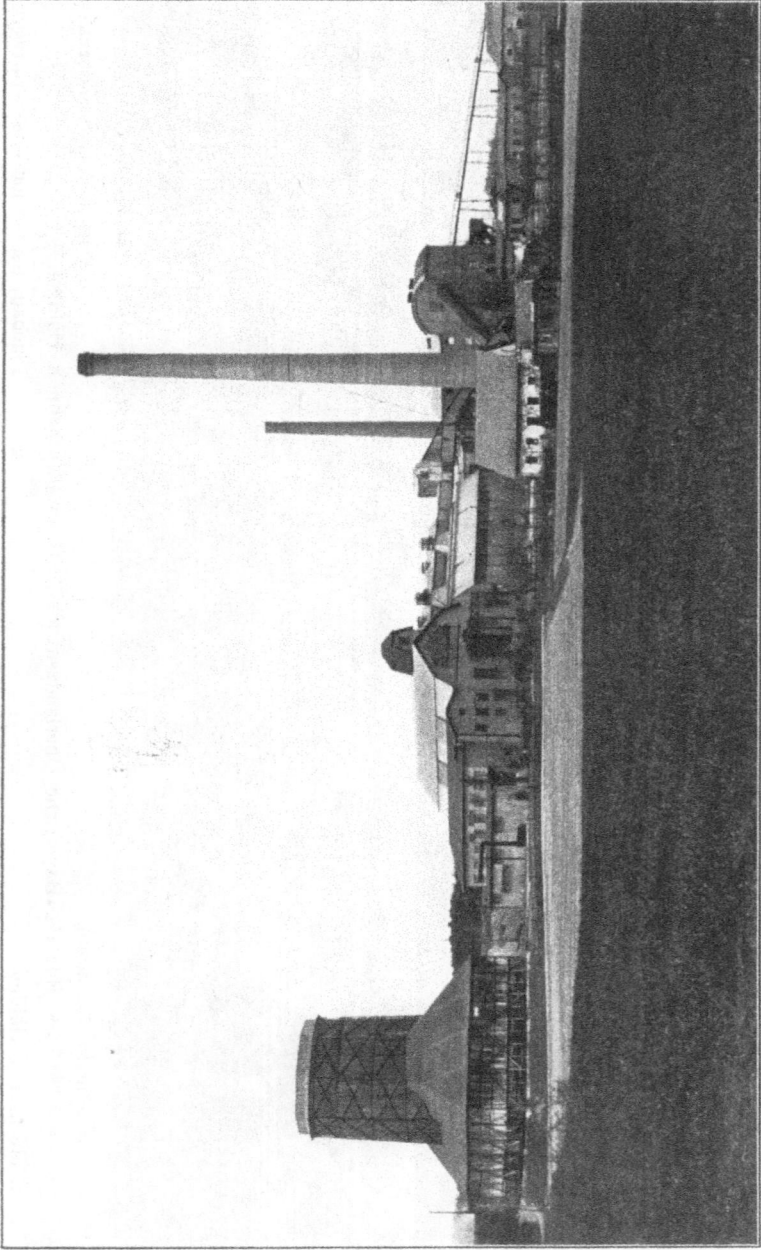

Phot. Ing. H. Schirmer, Regensburg.   z. Verf. gest. vom Werksbesitzer.

Bild 18. Bayerische Überlandzentrale A.-G. in Ibenthann bei Haidhof.

Braunkohlengrube Haidhof.   Kraftwerk.

Phot. Ing. H. Schirmer, Regensburg.   z. Verf. gest. vom Werksbesitzer.

Bild 19.   Bayerische Überlandzentrale A.-G. in Ibenthann bei Haidhof.
Braunkohlengrube Haidhof.   Kesselanlage.

Phot. Ing. H. Schirmer, Regensburg. z. Verf. gest. vom Werksbesitzer.
Bild 20. Bayerische Überlandzentrale A.-G. in Ibenthann bei Haidhof.
Kraftwerk, Innenansicht.
Braunkohlengrube Haidhof.

Bild 22. Gewerk

Grube Gustav, Dettingen.

ngen am Main.

Gesamtansicht.

Bild 21. Gewerkschaft Hindenburg in Schirnding.

Einleitung des Tagebaus.

Braunkohlengrube Hindenburg bei Schirnding.

z. Verf. gest. von Werksbesitzer.

Grube Gustav, Dettingen.

Bild 23. Gewerkschaft Gustav, Dettingen am Main.

Tagebau, südöstl. Teil.

z. Verf. gest. vom Werksbesitzer.

Bild 24. Gewerkschaft Gustav, Dettingen am Main. z. Verf. gest. vom Werksbesitzer.

Teilansicht aus dem Tagebau: Kohlenpfeiler.

Grube Gustav, Dettingen.

Grube Gustav, Dettingen.

Bild 25. Gewerkschaft Gustav, Dettingen am Main.

z. Verf. gest. vom Werksbesitzer.

Förderanlagen im Tagebau.

Grube Gustav, Dettingen.

Bild 26. Gewerkschaft Gustav, Dettingen am Main.

Brikettpresse.

z. Verf. gest. vom Werksbesitzer.

Bild 27. Gewerkschaft Gustav, Dettingen am Main.
Kraftwerk, Innenansicht.

z. Verf. gest. vom Werksbesitzer.

Grube Gustav, Dettingen.

Irenenzeche Großweil.

Bild 28. Bayerische Braunkohlengesellschaft A.-G. in Großweil.

Tagebau.

Bild 29. Bayerische Braunkohlengesellschaft A.-G. in Großweil.

Irenenzeche Großweil.   z. Verf. gest. vom Werksbesitzer.   Tagebau.

II

IV

Winandskessel

Der **Großwasserraum**-Steilrohrkessel

Patent Winands D. R. P. und Auslandspatente

*vereinigt in sich die Vorteile der Großwasserraumkessel, mit denen
der Steilrohrkessel, ohne jedoch deren Nachteile zu besitzen.
Für stark schwankende Betriebe infolge des großen Wärme-
speichers! – Für schlechtes Speisewasser infolge selbsttätiger
Wasserreinigung im Kessel! – Nicht zu verwechseln mit den
bekannten Steilrohrkesseln! – 15 jährige Erfahrung im Bau
von Steilrohrkesseln!*

Erklärung durch Drucksachen und Ingenieurbesuch bereitwilligst

Jadenburger
Maschinenfabrik
& Eisengiesserei·AG·
zu Magdeburg

Apparatebauanstalt
& Kesselschmiede
Magdeburg - Sbg.

Tonwarenfabrik Schwandorf

in Schwandorf

Steinzeug=,
Steingut=, Porzellan=,
Schamotte= und
Dachziegelwerke

⚒ Gewerkschaft Gustav
bei Dettingen / Main

Braunkohlenzeche / Überlandkraftwerk
Brikettfabrik

Jährliche Rohkohlenförderung . . . . . 400000 t
Jährliche Stromerzeugung gegenwärtig 50 Mill. kWh
zukünftig   80   „   „

Versorgt werden mit Strom die Städte Aschaffenburg, Darmstadt
und Offenbach, ferner die Landkreise Unterfranken-West, Hanau
und Gelnhausen

Wir liefern:

Ia Braunkohlenbriketts, Marke „Main"
für Hausbrand- und Industriezwecke

Ia Stück-Rohbraunkohle

———

Eigene Bahn- und Schiffs-Verladeanlagen

———

Anzahl der beschäftigten Beamten und Arbeiter 1200

Gebr. Donhauser

Baugeschäft

Schwandorf i. Obpf.

(Eisenbahnknotenpunkt)

Dampfsäge= und Hobelwerk

mit Geleiseanschluß

Spezialität:

Ausführung von Bauten für die

Groß=Industrie

Kleinwohn=Siedlungen

Dachstühlen nach Zeichnung

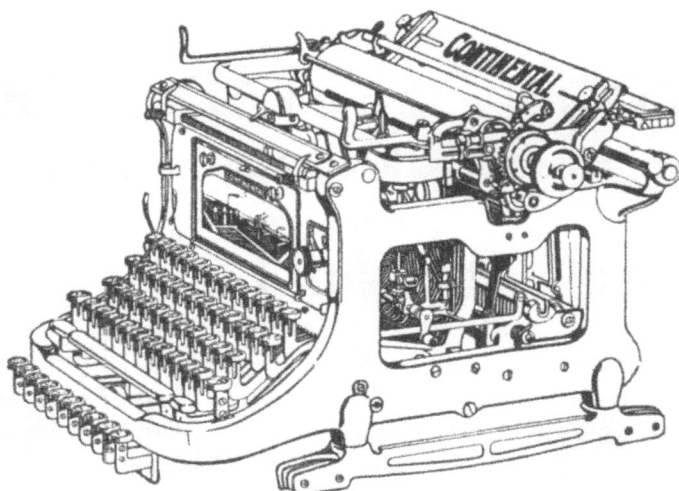

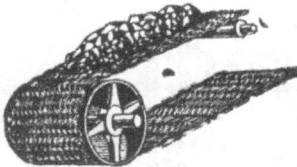

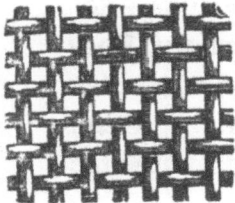

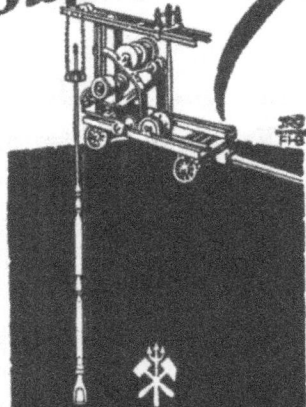

Tiefbohrmayer

SPEZIALFIRMA
FÜR TIEF-BOHR- UND
BRUNNENBOHR-GERÄTE
ERDBOHRER U.S.W.

TIEFBOHR-MASCHINEN-
U. WERKZEUGE-FABRIK
★ NÜRNBERG ★
HEINRICH MAYER U. CO.
NÜRNBERG-DOOS

Die

Wärmewirtschaftliche Abteilung

der Firma

Bayerisches Kohlenkontor

G. m. b. H.

Stammhaus: **Nürnberg** Fürther Straße 2

Hansahaus

Telephon Nr. 8155, 8156, 8157, 8158, 8159

Filialen: München, Augsburg, Regensburg, Straubing

empfiehlt sich:

1. zur Vornahme von Heizungs- und Verdampfungsversuchen
2. zur Begutachtung und Projektierung von Feuerungen, Kesselanlagen u. -Umbauten
3. zur Vermittlung und Begutachtung von Apparaten für das Kesselhaus, sowie von Einrichtungen zur Erhöhung der Wirtschaftlichkeit vorhandener Anlagen
4. zur periodischen Kesselhauskontrolle
5. zur wärmewirtschaftl. Beratung jeder Art